AF393985

B. Hofmann-Wellenhof,
G. Kienast und H. Lichtenegger

GPS in der Praxis

Springer-Verlag Wien New York

Univ.-Prof. Dipl.-Ing. Dr. Bernhard Hofmann-Wellenhof
Dipl.-Ing. Gerhard Kienast
Univ.-Doz. Dipl.-Ing. Dr. Herbert Lichtenegger
Abteilung für Landesvermessung und Landinformation
Technische Universität Graz
Graz, Österreich

Druck: Novographic, Ing. Wolfgang Schmid, A-1230 Wien
Gedruckt auf säurefreiem, chlorfrei gebleichtem Papier – TCF

Mit 15 Abbildungen

Die Deutsche Bibliothek – CIP-Einheitsaufnahme

Hofmann-Wellenhof, Bernhard:
GPS in der Praxis / B. Hofmann-Wellenhof, G. Kienast und H.
Lichtenegger. – Wien ; New York : Springer, 1994

NE: Kienast, Gerhard:; Lichtenegger, Herbert:

ISBN-13:978-3-211-82609-6   e-ISBN-13:978-3-7091-9369-3
DOI: 10.1007/978-3-7091-9369-3

Vorwort

In Europa verläuft im Vergleich zu Nordamerika die Verbreitung von GPS, des Globalen Positionierungs-Systems, im Alltag der Praktiker deutlich langsamer. Die ursprüngliche Zielsetzung bildet eine der Ursachen hierfür: GPS wurde von den Amerikanern für militärische Anwendungen konzipiert und entwickelt. Die weltweite Navigation sollte mit GPS ermöglicht werden. Sehr bald wurde aber auch die Anwendbarkeit für die genaue Positionierung oder Punktbestimmung erkannt. Einer der Autoren hatte zu Beginn der 80er Jahre die Gelegenheit, einen GPS-Forschungsaufenthalt bei der amerikanischen Vermessungsbehörde, dem National Geodetic Survey, zu verbringen, die sich damals bereits mit dem Einsatz von GPS für die Positionierung beschäftigte. Die Auswertung der Daten erfolgte noch in vielen Teilschritten nach einem riesigen Flußdiagramm, das mit zahlreichen Zusatzkommentaren und Farbmarkierungen eine unentbehrliche Hilfe für den Mann am Computer darstellte. Zu diesem Zeitpunkt war GPS in Europa noch weitgehend unbekannt.

Auch heute noch ist der Praktiker in Europa vielfach skeptisch gegenüber einem System, das in gewisser Hinsicht mit alten Traditionen bricht. Diese Vorbehalte sollten jedoch durch die enorme Weiterentwicklung ausgeräumt sein, da sowohl die Gerätetechnologie als auch die Software für die Auswertung stark verbessert wurden und die Verwendung von GPS wesentlich vereinfacht haben.

Dieses Buch ist besonders an jene gerichtet, die eine praxisbezogene Beschreibung von GPS hinsichtlich der Beobachtung und der Auswertung suchen. Wenn wir von GPS für Praktiker sprechen, dann meinen wir damit jene Anwender, die Genauigkeiten von zumindest einem Meter und besser bis zur höchsten erreichbaren Genauigkeit von wenigen Zentimetern oder sogar Millimetern benötigen, wobei die Resultate aber nicht in Echtzeit erforderlich sind. Entsprechend der Ausbildung der Autoren sind die geodätischen Aspekte besonders berücksichtigt.

Im ersten Kapitel wird elementar in das Prinzip von GPS eingeführt und eine Definition verschiedener Begriffe gegeben.

Das zweite Kapitel deckt die wichtigsten Aspekte der Beobachtung beginnend von der Planung über die Durchführung bis zur Berechnung der Basisvektoren ab.

Den Schwerpunkt des Buchs bildet das dritte Kapitel, das die Einbindung von GPS-Ergebnissen in das lokale Datum und die Kombination mit terrestrischen Daten beschreibt. Die dabei verwendete Ausgleichungsrechnung wird in ihren Grundzügen erklärt. Bei allen weiteren Formelsystemen wird jedoch eine Herleitung nur dann auszugsweise gebracht, wenn sie für das Verständnis wesentlich ist. Im allgemeinen werden aber die Formeln ohne Herleitung und ohne Literaturhinweise in einer bereits für die Anwendung vorbereiteten Form präsentiert. Allerdings empfehlen wir in einem Abschnitt über Literatur solche Quellen, die eine Grundlage für die Formelsysteme bilden. Weiters enthält dieser Abschnitt Angaben über GPS-Literatur neueren Datums.

Die Formelsysteme der in Europa gebräuchlichsten Abbildungen werden im Anhang angegeben und durch numerische Beispiele ergänzt.

Die Problematik der Transformation des geodätischen Datums ist für Nordamerika nicht relevant, da das nordamerikanische Datum mit dem GPS-Datum für praktische Zwecke identisch ist. Hauptsächlich aus diesem Grund haben wir uns entschlossen, das Buch in Deutsch zu schreiben. Wir hoffen aber trotzdem, die nördlichen Länder in Europa, deren Bewohner meist über ausgezeichnete Sprachkenntnisse aus Deutsch verfügen, ansprechen zu können. Und selbst die Länder mit Sprachen romanischen Ursprungs sollten keine Schwierigkeiten haben, die zur Anwendung vorbereiteten Formelsysteme zu verwenden.

Wir können und wollen keinerlei Firmen- oder Produktempfehlung geben, da je nach Anwendung und Genauigkeitsanforderung verschiedene Produkte sowohl hinsichtlich der GPS-Empfänger als auch der Software für die Auswertung in Frage kommen. Der Praktiker muß also, dies setzen wir voraus, diese Wahl nach den für ihn relevanten Erfordernissen und Kriterien treffen oder bereits getroffen haben. Daher bauen wir bei der Beschreibung der Auswertung auf GPS-Ergebnissen auf, die von der entsprechenden Software in Form von Punkten und Vektoren im geozentrischen System geliefert werden.

Unsere Zielsetzung für dieses Buch kann in einem Satz subsumiert werden: Wir versuchen, dem Praktiker ein Handbuch für den täglichen Gebrauch zur Verfügung zu stellen.

Unser Dank gilt den Herren Ernst Mosor (Wien), Konrad Rautz (Graz), Boris Schukoff (Graz) und Thomas Wunderlich (Wien) für die Korrektur des Manuskripts und zahlreiche Verbesserungsvorschläge.

Juni 1994   B. Hofmann-Wellenhof G. Kienast H. Lichtenegger

Inhaltsverzeichnis

1 Einführung

1.1 Zielsetzung von GPS

Im Jahr 1973 erging vom U.S. Department of Defense, dem amerikanischen Verteidigungsministerium, an das Joint Program Office der Los Angeles Air Force Base der Auftrag, ein satellitengestütztes System zu entwickeln, das die Navigation (d.h. die Bestimmung von Position und Geschwindigkeit) eines beliebigen bewegten oder ruhenden Objekts (insbesonders der militärischen Streitkräfte) ermöglicht. Darüber hinaus sollte auch noch eine genaue Zeitinformation zur Verfügung gestellt werden. Die Resultate sollten in Echtzeit, also ohne merkbaren Zeitverzug unmittelbar nach den Messungen, verfügbar sein. Weiters wurde an das System die Forderung gestellt, bei jedem Wetter, zu jeder Zeit und an jedem beliebigen Ort auf oder nahe der Erde (also auf dem Land, auf dem Wasser und in der Luft) zu funktionieren.

Das Resultat dieses Auftrags ist das Navigation System with Timing and Ranging Global Positioning System (NAVSTAR GPS), heute fast ausschließlich nur noch GPS genannt. Neben dem militärischen Einsatzbereich wurde aber auch sehr bald die Anwendungsmöglichkeit im zivilen Bereich erkannt.

Die geodätisch interessanteste Komponente, die dreidimensionale Positionsbestimmung, beruht bei GPS im Prinzip auf Streckenmessungen. Sollen im dreidimensionalen Raum die Koordinaten eines unbekannten Punktes durch Streckenmessungen bestimmt werden, so sind von drei bekannten Punkten aus die Strecken zum unbekannten Punkt zu messen. Geometrisch liegt der Schnitt dreier Kugelschalen vor, da im dreidimensionalen Raum der geometrische Ort einer Streckenmessung aus einem bekannten Punkt eine Kugelschale ist. Zwei Kugelschalen schneiden sich in einem Kreis und dieser durchstößt die dritte Kugelschale in zwei Punkten. Davon ist einer der koordinatenmäßig gesuchte Punkt.

Bei GPS werden die bekannten Punkte durch Satelliten realisiert. Die Satellitenbahndaten, aus denen man für einen beliebigen Zeitpunkt die Koordinaten des Satelliten berechnen kann, werden auf das vom Satelliten gesendete Radiosignal aufmoduliert und stehen daher dem Anwender jederzeit zur Verfügung. Die Distanz zwischen dem Satelliten und dem unbekannten Punkt kann (unter anderem) durch Messung der Laufzeit des Radiosignals abgeleitet werden. In diesem Fall generiert eine Uhr im Satelliten Zeitmarken auf dem Signal, mit denen der Zeitpunkt der Signalaussendung bestimmt werden kann. Die Ankunftszeit einer Zeitmarke wird mit einer Uhr im Empfänger bestimmt. Da die beiden Uhren (die des Satelliten und die des Empfängers) niemals vollständig synchronisiert sein werden, erhält man nicht die geometrische Entfernung. Zwar kann man die hochgenaue Satellitenuhr als fehlerfrei und alle Satellitenuhren als synchron laufend annehmen, man muß jedoch den Empfängeruhrfehler als Unbekannte berücksichtigen. Damit liegen aber nunmehr für eine räumliche Positionsbestimmung nicht mehr nur die drei unbekannten Koordinaten des zu bestimmenden Punktes vor, sondern es kommt als vierte Unbekannte noch der Uhrfehler des Empfängers hinzu, der auch als unbekannte Additionskonstante in allen gleichzeitig gemessenen Entfernungen interpretiert werden kann. Daher werden die Meßgrößen als Pseudoentfernungen bezeichnet. Um die vier Unbekannten zu bestimmen, braucht man somit vier Pseudoentfernungen. Das heißt, man muß zumindest vier Satelliten gleichzeitig zur Verfügung haben.

Wegen der Forderung nach der Verfügbarkeit von GPS zu jeder Zeit und an jedem Ort müssen daher zumindest vier Satelliten zu jeder Zeit (also täglich 24 Stunden) an jedem Ort gleichzeitig beobachtbar sein.

Nachfolgend wird die Realisierung von GPS beschrieben, wobei auf das Konzept des Raumsegments, des Kontrollsegments und des Benutzersegments eingegangen wird.

1.2 Raumsegment

1.2.1 Satelliten

Die Endausbaustufe des Raumsegments besteht aus 24 Satelliten, die in sechs Bahnebenen mit jeweils vier Satelliten die Erde in einer Höhe von rund 20 200 km umkreisen und permanent die oben erwähnten codierten Radiosignale aussenden. Von den 24 Satelliten werden 21 als reguläre Satelliten und die restlichen drei als Reservesatelliten betrachtet, die primär als Ersatz für ausfallende Satelliten zur Verfügung stehen. Jedoch senden die Reservesatelliten ebenfalls Radiosignale und werden daher als aktive Reservesatelliten bezeichnet.

Die Satellitenbahnebenen sind gegenüber der Äquatorebene um 55° geneigt. Die Satellitenbahnen sind nahezu kreisförmig, die Umlaufzeit eines Satelliten beträgt etwa 12 Stunden. Genauer ausgedrückt, der Satellit hat zwei vollständige Umläufe absolviert, wenn die Erde eine Rotation um 360° vollzogen hat. Dies ist nach einem Sterntag der Fall. Da sich ein Sterntag von einem Sonnentag um rund vier Minuten unterscheidet, verschieben sich auch die Auf- und Untergangszeit eines Satelliten um diesen Betrag (der Satellit geht im Vergleich zum Vortag um vier Minuten früher auf und unter).

Mit 24 Satelliten können von jedem Punkt der Erde, bei jedem Wetter und zu jeder Zeit zwischen vier und acht Satelliten mit einem Höhenwinkel von zumindest 15° beobachtet werden.

Die Endausbaustufe muß unter dem zivilen und dem militärischen Gesichtspunkt betrachtet werden. Aus ziviler Sicht ist die Endausbaustufe bereits erreicht, da seit Juli 1993 erstmals 24 Satelliten zur Verfügung stehen. Dieses mit Initial Operational Capability (IOC) bezeichnete Stadium wurde offiziell am 8. Dezember 1993 vom amerikanischen Verteidigungsministerium bekanntgegeben. Aus militärischer Sicht wird vom amerikanischen Verteidigungsministerium die Endausbaustufe als erreicht erklärt werden, sobald 24 Block-II- bzw. Block-IIA-Satelliten die Erde umkreisen und die Konstellation für militärische Operationen ausreichend getestet ist. Dies wird voraussichtlich im Jahr 1995 der Fall sein. Um die erwähnte Unterscheidung zu verstehen, wird eine Übersicht der verschiedenen Satellitenkategorien angegeben.

Die Block-I-Satelliten werden als Prototypen bezeichnet, die im wesentlichen für die Test- und Entwicklungsphase von GPS (etwa 1978–1985) gedacht waren. Das Gewicht eines Block-I-Satelliten beträgt 845 kg, die erwartete Funktionsdauer liegt im Bereich von 5 Jahren. Im Februar 1978 wurde der erste Block-I-Satellit gestartet, der letzte von elf kam im Oktober 1985 in die Umlaufbahn. Im Durchschnitt wurde die erwartete Funktionsdauer erreicht, manche der Block-I-Satelliten haben sie sogar deutlich übertroffen, da beispielsweise im Jahr 1993 noch Block-I-Satelliten mit einem Startdatum 1983 bis 1985 funktionsfähig waren.

Die Block-II-Satelliten unterscheiden sich wesentlich von den Block-I-Satelliten durch die Verfügbarkeit von „Selective Availability" (SA) und „Anti-Spoofing" (A-S). Einige Details von SA und A-S werden in den Abschnitten 1.3.2 und 1.3.3 erklärt. Der erste etwa 1500 kg schwere Block-II-Satellit wurde im Februar 1989 in die Umlaufbahn gebracht, wobei die erwartete Funktionsdauer mit 7.5 Jahren angegeben wird. An Bord jedes Block-II-Satelliten befinden sich vier Uhren, zwei Caesium- und zwei Rubidium-Atomuhren.

Die Block-IIA-Satelliten („A" hat die Bedeutung „Advanced", also verbesserte Block-II-Satelliten) sind mit der Möglichkeit der gegenseitigen Satellitenkommunikation ausgestattet. Der erste Satellit dieser Generation befindet sich seit November 1990 in einer Umlaufbahn.

Die Block-IIR-Satelliten („R" hat die Bedeutung „Replenishment", also Ersatz der Block-II-Generation) sind bereits in der Lage, gegenseitige Entfernungen zu bestimmen, also Satellite-to-Satellite Ranging (SSR) zu betreiben. Die vorgesehenen Hydrogen-Maser-Atomuhren sind um mindestens eine Größenordnung genauer als die Atomuhren der Vorgängersatelliten. Ab

1995 sollen die 2 000 kg schweren Block-IIR-Satelliten mit dem Space-Shuttle
in Umlaufbahnen gebracht werden, wobei die erwartete Funktionsdauer dieser Generation bereits 10 Jahre beträgt. Eine Space-Shuttle-Mission kann
drei GPS-Satelliten im Weltraum positionieren. Aber die Zukunft der be-
mannten Raumfahrt läßt sich nicht vorhersagen, wie das Challenger-Unglück
im Jahr 1986 in tragischer Weise zeigte.

Die Block-IIF-Satelliten („F" hat die Bedeutung „Follow on", also Folge-
oder Nachfolgesatelliten) sollen im Zeitraum zwischen 2001 und 2010 gestartet werden. Deren Ausstattung wird wiederum wesentlich erweitert sein,
etwa durch Inertiale Navigationssysteme.

1.2.2 Signal

Die wesentliche Aufgabe der Satelliten ist das Senden von Signalen, die mit
geeigneten Empfängern registriert werden können. Hierzu ist jeder Satellit
mit einer Uhr (Oszillator), einem Mikroprozessor, einem Sender und einer
Antenne ausgestattet. Zusätzlich befinden sich mehrere Reserveuhren an
Bord der Satelliten. Die Energieversorgung erfolgt über zwei jeweils ca. 7 m^2
große Sonnenkollektoren.

Der Oszillator im Satelliten generiert die fundamentale Frequenz von
10.23 MHz. Ganzzahlige Multiplikation der fundamentalen Frequenz mit
154 bzw. 120 erzeugt zwei Trägerwellen im L-Band, die mit L1 bzw. L2
bezeichnet werden und die Frequenzen

$$L1 = 1575.42 \text{ MHz}$$

$$L2 = 1227.60 \text{ MHz}$$

aufweisen. Diesen Frequenzen entsprechen Wellenlängen von etwa 19 cm
bzw. 24 cm. Die Verwendung von zwei Trägerwellen ermöglicht die Elimination bestimmter Fehlereinflüsse.

Auf diese Trägerwellen sind zwei Codes, der C/A-Code (Coarse/Acqui-
sition-Code) und der P-Code (Precision-Code), aufmoduliert. Die Codes
stellen Zeitmarken dar und erlauben die Bestimmung des Zeitpunkts der Signalaussendung. Der C/A-Code hat eine Wellenlänge von ungefähr 300 m
und ist nur auf die L1-Trägerwelle aufmoduliert. Der P-Code hingegen hat
eine Wellenlänge von etwa 30 m und ist sowohl auf die L1-Trägerwelle als
auch auf die L2-Trägerwelle aufmoduliert. Durch A-S wird der P-Code mit
dem nur autorisierten Anwendern zugänglichen W-Code überlagert; das Ergebnis der Überlagerung wird als Y-Code bezeichnet.

Schließlich wird auf die beiden Trägerwellen L1 und L2 die sogenannte
Navigationsnachricht aufmoduliert. Aus dieser gewinnt der Benutzer unter
anderem die Bahndaten der Satelliten.

1.3 Kontrollsegment

Zu den Aufgaben des Kontrollsegments gehören die Vorausberechnung der Satellitenbahnen, die Überwachung der Satellitenuhren (Gang, Stand), die Übermittlung der Navigationsnachricht an die Satelliten, sowie die Gesamtkontrolle des Systems. Dazu sind neben Bahnkorrekturen auch SA (Selective Availability) und A-S (Anti-Spoofing) zu zählen.

1.3.1 Kontroll- und Monitorstationen

Das Kontrollsegment besteht aus fünf Stationen, wobei man zwischen der Hauptkontrollstation, den Monitorstationen und den Bodenkontrollstationen unterscheidet.

Die Hauptkontrollstation in Colorado Springs, Colorado, wertet alle Daten der Monitorstationen aus und führt damit die Vorausberechnung der Satellitenbahnen in einem als World Geodetic System 1984 (WGS-84) bezeichneten geozentrischen kartesischen Koordinatensystem durch. Weiters wird das Verhalten der Satellitenuhren bestimmt. Diese Ergebnisse werden als Navigationsnachricht über eine Datenleitung an eine der Bodenkontrollstationen weitergegeben. Zu den Aufgaben der Hauptkontrollstation gehört auch die Bahnkorrektur von Satelliten. Hierzu sind die Satelliten mit geeigneten Empfangsantennen sowie Antriebssystemen für die Korrekturen und zur Kontrolle der Stabilität ausgestattet.

Zu den Monitorstationen gehören neben der Hauptkontrollstation noch Hawaii, Kwajalein (eine der Marshall-Inseln im Pazifischen Ozean), Diego Garcia (Insel im Indischen Ozean) und Ascension (Insel im südlichen Atlantischen Ozean). Auf jeder Monitorstation werden die Daten aller sichtbaren Satelliten permanent registriert. Zusätzlich werden meteorologische Daten gemessen. Jede Station führt eine Vorbehandlung der Daten (Glättung, Ausdünnung, Statistik) durch und liefert das Ergebnis an die Hauptkontrollstation zur Weiterverarbeitung.

Als Bodenkontrollstationen fungieren Kwajalein, Diego Garcia und Ascension. Im wesentlichen besteht die Ausrüstung einer Bodenkontrollstation aus einer Bodenantenne, mit der die Navigationsnachricht an die Satelliten übermittelt wird. Im allgemeinen werden ein- bis dreimal pro Tag die aktuellen Daten an die Satelliten gesendet.

Die fünf Stationen des operationellen Kontrollsegments genügen zur Bestimmung von Satellitenbahndaten, die als Broadcast Ephemeriden bezeichnet werden und die über die Navigationsnachricht von den Satelliten an den Benutzer weitergegeben werden. Für genauere Bahndaten, die man Präzise Ephemeriden nennt, werden weitere fünf Stationen verwendet. Es existieren aber auch davon unabhängige Organisationen, die Präzise Ephemeriden berechnen. Beispielsweise leitet der National Geodetic Survey in Rockville, Maryland, das Cooperative International GPS Network (CIGNET). Auch in Europa wurde ein Zentrum für die Bahnbestimmung eingerichtet.

1.3.2 SA (Selective Availability)

Unter SA versteht man die vom amerikanischen Verteidigungsministerium durchgeführte Reduzierung der erreichbaren Genauigkeit in der Echtzeit-Navigation. Diese Einschränkung der erreichbaren Genauigkeit wird einerseits durch eine Manipulation der Satellitenuhr und andererseits durch eine geringere Genauigkeit der Broadcast Ephemeriden erzielt. Offiziell wurde SA mit 25. März 1990 für alle Block-II-Satelliten eingeschaltet.

Im deutschen Sprachgebrauch hat sich für SA kein Ausdruck durchgesetzt, wohl hauptsächlich deshalb, weil das verwendete Akronym keine sinngemäße Übertragung ins Deutsche mit den gleichen Buchstaben zuläßt.

Das Maß der Genauigkeitsreduktion kann vom Kontrollsegment gesteuert werden. Ohne SA wird mit dem C/A-Code eine Genauigkeit von etwa 15–30 m für die Positionsbestimmung erreicht. Mit dem derzeit wirksamen SA wird mit einer Zuverlässigkeit von 95% eine Lagegenauigkeit von 100 m und eine Höhengenauigkeit von 140 m garantiert. Man kann allerdings keine allgemein gültige Aussage über die Echtzeit-Navigationsgenauigkeit treffen, weil die Genauigkeitsreduktion durch das Kontrollsegment von der Weltpolitik beeinflußt wird. Selbst wenn es zwischendurch Perioden mit ausgeschaltetem SA gibt, muß der Anwender stets von der Voraussetzung ausgehen, daß SA aktiviert ist. In diesem Fall ist es nur autorisierten Anwendern, wie zum Beispiel amerikanischen Militärs, möglich, SA durch eine Decodierung von verschlüsselten Daten zu umgehen.

1.3.3 A-S (Anti-Spoofing)

Unter A-S versteht man die Verschlüsselung des P-Codes. Der daraus resultierende Code wird als Y-Code bezeichnet und steht nur mehr autorisierten Anwendern zur Verfügung.

Wie im Fall von SA gibt es auch für A-S keinen gebräuchlichen deutschen Ausdruck. Wörtlich bedeutet „Spoofing" ein Beschwindeln, somit ist Anti-Spoofing eine Maßnahme gegen ein Beschwindeln. Wer versucht wen und wodurch zu beschwindeln und wie sieht die Gegenmaßnahme aus?

Zur Beantwortung dieser Fragen muß wieder der ursprünglich rein militärische Aspekt von GPS ins Kalkül gezogen werden. Die mit P-Code-Daten erreichbare Echtzeit-Navigationsgenauigkeit ist deutlich besser als die Genauigkeit mit C/A-Code-Daten und kann daher im Kriegsfall einen wesentlichen Vorteil bringen. Wenn es aber dem Kriegsgegner gelingt, ein dem P-Code ähnliches, aber verfälschtes Signal auszusenden, dann bekommt der GPS-Anwender durch die verfälschten Signale auch eine falsche Navigationslösung. Um dieser Verfälschung vorzubeugen, wird der P-Code verschlüsselt. Er kann jedoch von autorisierten Anwendern durch eine Hardwarezusatzeinrichtung im Empfänger rekonstruiert werden.

Ursprünglich war geplant, A-S erst nach Erreichen der militärischen Endausbaustufe (Full Operational Capability) zu aktivieren. Überraschenderweise wurde A-S aber bereits Ende Jänner 1994 permanent eingeschaltet, so daß der P-Code nur mehr autorisierten Anwendern zur Verfügung steht.

1.4 Benutzersegment

1.4.1 Empfänger

Um die von den GPS-Satelliten gesendeten Signale für Messungen benutzen zu können, muß man eine entsprechende Empfangsanlage, den GPS-Empfänger, verwenden. Ein GPS-Empfänger besteht aus mehreren Komponenten. Generalisierend kann man die Antenne mit dem Vorverstärker, die Hochfrequenzeinheit, den Mikroprozessor, die Kontrolleinheit, den Datenspeicher und die Stromversorgung unterscheiden.

Die Antenne empfängt die Signale von allen sichtbaren Satelliten. Der Referenzpunkt für die empfangenen Signale ist das physikalisch definierte Phasenzentrum, das vom geometrischen Zentrum abweichen kann. Die Lage des Phasenzentrums ist unter anderem von der Bauart der Antenne abhängig und variiert des weiteren in Funktion der Richtung der ankommenden Satellitensignale. Die größte Stabilität des Phasenzentrums wird derzeit mit Mikrostrip-Antennen erreicht.

Die Signale werden zuerst an den Vorverstärker und dann an die Hochfrequenzeinheit als die eigentliche Empfangseinheit geleitet. Dort werden die Signale identifiziert und weiterverarbeitet. Bei den meisten Empfängern werden die Signale jedes Satelliten in einen eigenen Kanal gelegt. Gesteuert wird die gesamte Empfangseinheit mit einem Mikroprozessor. Dieser regelt auch die Datenerfassung und führt die Echtzeit-Navigationsberechnung durch. Über die Kontrolleinheit, die im wesentlichen aus einer Tastatur und einem Display besteht, kann der Benutzer interaktiv mit dem Empfänger kommunizieren. Das heißt, man kann einerseits verschiedene Kommandos eingeben und andererseits auch verschiedene Informationen (wie z.B. die Daten der sichtbaren Satelliten) erhalten. Im Datenspeicher (z.B. Mikrochip oder Kassette) werden die Messungen und auch die Navigationsnachricht gespeichert. Die Stromversorgung kann entweder über einen Netzanschluß oder über eine (interne oder externe) Batterie erfolgen.

Das Ziel der Signalverarbeitung ist es, die (Pseudo-) Signallaufzeit mit Hilfe des C/A- oder P-Codes abzuleiten, die Navigationsnachricht zu entschlüsseln und die Trägerwelle des Satellitensignals zu rekonstruieren. Kann ein Empfänger nur Code- und Navigationssignale registrieren, spricht man von Navigationsempfängern. Dabei haben P-Code-Empfänger im Vergleich zu C/A-Code-Empfängern wegen der um den Faktor 10 geringeren Wellenlänge im allgemeinen ein höheres Genauigkeitspotential. Dieser Vorteil von P-Code-Empfängern wird durch eine neue Technik bei C/A-Code-Empfängern der modernsten Generation allerdings praktisch wettgemacht. Außerdem kann bei aktiviertem A-S das volle Potential eines P-Code-Empfängers im allgemeinen nicht mehr ausgeschöpft werden. Ein C/A-Code-Empfänger ist hingegen von A-S nicht betroffen.

Für geodätische Anwendungen benötigt man Empfänger, die neben den Signallaufzeiten auch Messungen der Phasen der Trägerwellen erlauben. Dabei unterscheidet man zwischen Einfrequenz- und Zweifrequenzempfängern, je nachdem ob die Phasen einer oder beider Trägerwellen registriert werden können. Zur Phasenmessung muß die unmodulierte Trägerwelle rekonstruiert werden. Dies kann bei Kenntnis des C/A- oder Y-Codes über eine sogenannte Code-Korrelation erfolgen. Über den C/A-Code kann damit allerdings nur die Trägerwelle L1 wiederhergestellt werden. Zur Rekonstruktion beider Trägerwellen L1 und L2 über eine Code-Korrelation wird der Y-Code benötigt. Bestimmte Techniken, etwa das sogenannte Quadrierverfahren (Squaring), erlauben zwar auch bei Nichtverfügbarkeit des Y-Codes die Nutzung der L2-Trägerwelle, allerdings kommt es dadurch zu einem Genauigkeits- oder einem völligen Datenverlust durch ein höheres Rauschen im Signal.

1.4.2 Meßgrößen

Als Ergebnis von GPS-Beobachtungen folgen Pseudoentfernungen und die Frequenzverschiebungen der Trägerwellen zufolge des Dopplereffektes. Die Pseudoentfernungen dienen zur Positionsbestimmung, und aus den Dopplerfrequenzen folgen im wesentlichen Geschwindigkeiten. Letztere werden nicht weiter behandelt. Die Pseudoentfernungen weichen wegen des Synchronisationsfehlers zwischen den Satellitenuhren und der Uhr im Empfänger von den geometrischen Entfernungen zwischen Satellit und Empfänger ab. Sie werden entweder aus Code-Messungen oder aus Messungen der Phasen der Trägerwellen abgeleitet. Im ersten Fall spricht man häufig auch von Code-Entfernungen, im zweiten Fall kurz von Phasen.

Die gemessenen Phasen sind mehrdeutig, da bei Beginn der Beobachtungen die Anzahl der ganzen Wellenlängen in der Entfernung zwischen Satellit

Tabelle 1.1. Genauigkeiten der GPS-Meßgrößen

Meßgröße	Genauigkeit
Code-Entfernung (C/A-Code)	10 – 300 cm
Code-Entfernung (P-Code)	10 – 30 cm
Phase	0.2 – 5 mm
Geschwindigkeit	0.3 m/sec

und Empfänger nicht bekannt ist. Zur Bestimmung dieser auch als Ambiguitäten bezeichneten Phasenmehrdeutigkeiten werden verschiedene Verfahren verwendet.

Die erzielbare Genauigkeit hängt unter anderem von der Wellenlänge des Signals ab. Deshalb sind Code-Entfernungen bezüglich der Auflösung etwa um einen Faktor 100 ungenauer als Phasen. Eine Zusammenstellung der erreichbaren Genauigkeiten ist in Tabelle 1.1 enthalten.

Die Messungen werden noch durch verschiedene äußere Einflüsse verfälscht. Erwähnt werden die troposphärische und ionosphärische Refraktion sowie Effekte zufolge Mehrfachreflexionen des Signals. Letztere werden auch als „Multipath" bezeichnet. Ein Teil der genannten systematischen Fehler kann durch Modellierung oder durch Differenzbildung der Meßgrößen eliminiert werden. Multipath ist im allgemeinen nicht modellierbar, kann jedoch durch spezielle Antennen oder eine geeignete Wahl des Antennenstandortes reduziert oder ganz vermieden werden.

2 Beobachtung

2.1 Beobachtungsverfahren

Um eine Gliederung der zahlreichen Beobachtungsverfahren zu ermöglichen, werden zunächst die Begriffe „statisch" und „kinematisch" erläutert.

Bei den statischen Verfahren sind die verwendeten Empfänger in Ruhe. Es gibt also keine Bewegung, die Empfänger bleiben während der Messung stationär. Die Ergebnisse werden aus Beobachtungen zu aufeinanderfolgenden, gleichabständigen Zeitpunkten, sogenannten Epochen, über einen Zeitraum ermittelt.

Bei den kinematischen Verfahren sind Empfänger in Bewegung, und die Ergebnisse folgen jeweils aus den Beobachtungen zu nur einer Epoche. Dabei müssen aber im Gegensatz zum statischen Verfahren jedenfalls mindestens vier Satelliten beobachtet werden. Im Fall der Phasenmessung müssen auch die Ambiguitäten bekannt sein.

Die Beobachtungsverfahren können nun nach der Anzahl der verwendeten Empfänger unterschieden werden.

2.1.1 Einzelpunktbestimmung

Steht nur ein Empfänger zur Verfügung, ist nur eine Einzelpunktbestimmung möglich. Durch zahlreiche Fehlereinflüsse (z.B. Refraktion, Satellitenbahnfehler) wird nur eine geringe Genauigkeit erreicht. Deshalb genügt es, als Meßgrößen Code-Entfernungen einzuführen. Man benötigt daher nur einen Navigationsempfänger.

Die erreichbare Genauigkeit der absoluten Koordinaten der Einzelpunktbestimmung kann vom Kontrollsegment durch SA beliebig gesteuert werden. Wie im Abschnitt 1.3.2 bereits angegeben, wird zur Zeit mit einer Zuverlässigkeit von 95% eine Lagegenauigkeit von 100 m und eine Höhengenauigkeit von 140 m garantiert. Diese Genauigkeit kann nur durch Langzeitbeobachtungen (etwa über einen Tag) oder Spezialverfahren wesentlich verbessert werden.

Die Einzelpunktbestimmung kann statisch (mit ruhendem Empfänger) oder kinematisch (mit bewegtem Empfänger) durchgeführt werden. Das Ergebnis der Einzelpunktbestimmung bezeichnet man auch als Navigationslösung, unabhängig davon, ob eine Bewegung vorliegt oder nicht.

Für Echtzeit-Lösungen müssen Code-Entfernungen zu mindestens vier Satelliten gleichzeitig gemessen werden, damit für jede Meßepoche die vier

Unbekannten (drei Stationskoordinaten und ein Uhrfehler) bestimmt werden können. Da die Code-Entfernungen im Gegensatz zu den Phasen nicht mehrdeutig sind, ergeben sich auch nach Signalunterbrechungen Lösungen in Echtzeit.

2.1.2 Differentielles GPS (DGPS)

Eine verbesserte kinematische Einzelpunktbestimmung in Echtzeit erreicht man durch DGPS. Bei diesem Verfahren werden zwei Empfänger benötigt, wobei in einer koordinatenmäßig bekannten (festen) Referenzstation und im bewegten (mobilen) Empfänger simultan Code-Entfernungen zu mindestens vier identischen Satelliten gemessen werden.

In der ursprünglichen Konzeption von DGPS wurden mit den gemessenen Code-Entfernungen in der Referenzstation und im bewegten Empfänger die Positionen berechnet. In der Referenzstation folgten aus dem Vergleich mit den gegebenen Koordinaten Korrekturwerte, die an den bewegten Empfänger durch Telemetrie (kontrollierte Datenübertragung mit Funk) übermittelt wurden.

Um die Genauigkeit noch zu steigern, berechnet heutzutage die Referenzstation aus den bekannten Stations- und Satellitenkoordinaten die jeweiligen Entfernungen und vergleicht diese mit den Beobachtungen. Die daraus abgeleiteten Korrekturwerte werden in Echtzeit an den mobilen Empfänger weitergeleitet. Hierfür hat sich als internationaler Standard das RTCM-Format (Radio Technical Commission for Maritime Services Format) durchgesetzt. Damit können die im mobilen Empfänger gemessenen Code-Entfernungen korrigiert werden, wodurch eine im Vergleich zur reinen Einzelpunktbestimmung höhere Genauigkeit (im Bereich von einigen Metern) erreicht wird. Unter anderem wird auch die Wirkung von SA weitgehend eliminiert.

Referenzstationen für DGPS sind bereits routinemäßig insbesondere in Küstengegenden rund um die Uhr im Einsatz und bieten ihre Dienste gratis oder gegen entsprechendes Entgelt an.

2.1.3 Relative Punktbestimmung

Werden simultan mit zwei Empfängern dieselben Satelliten beobachtet, kann eine relative Punktbestimmung durchgeführt werden. Daraus resultieren die Koordinatenunterschiede zwischen den beiden Punkten, die den Basisvektor oder die Basislinie bilden. Sollen daraus Koordinaten abgeleitet werden, dann sind diese für einen Punkt (Referenzpunkt) vorzugeben, und die Koordinaten des zweiten Punktes werden relativ dazu bestimmt.

Die Genauigkeit der relativen Punktbestimmung ist im Vergleich zur Einzelpunktbestimmung wesentlich höher, weil durch die Kombination der

Beobachtungsdaten von zwei Punkten Fehlereinflüsse ausgeschaltet werden können. Durch die relative Punktbestimmung wird auch die Wirkung von SA weitgehend eliminiert.

Bei der relativen Punktbestimmung erfolgt die Auswertung der Basisvektoren im allgemeinen nach der Messung im Büro, da für die Berechnungen die Daten beider Punkte benötigt werden. Will man eine relative Punktbestimmung in Echtzeit durchführen, müssen die Beobachtungsdaten der einen Station über Kabel oder Telemetrie an die zweite Station zur Auswertung übertragen werden.

Die für geodätische Anwendungen erforderlichen Genauigkeiten werden zur Zeit nur mittels relativer Punktbestimmung unter Verwendung der Trägerwellenphasen erreicht. Alle nachfolgend angegebenen Beobachtungsverfahren der relativen Punktbestimmung können sinngemäß von zwei auf mehrere Empfänger übertragen werden, wobei zumindest ein Empfänger die Rolle der bekannten Referenzstation übernehmen muß und die weiteren Empfänger zur Neupunktbestimmung eingesetzt werden.

Statische Methode

Bei dieser Methode bleiben die Empfänger im Referenzpunkt und im Neupunkt für die Dauer der Messungen stationär. Um die Phasenmehrdeutigkeiten lösen zu können, ist eine längere Beobachtungszeit notwendig. Diese hängt unter anderem von der Länge des Basisvektors, der Anzahl der beobachtbaren Satelliten sowie der Satellitengeometrie ab und beträgt für praktische Anwendungen bei Basislinien von 1–15 km eine halbe bis zwei Stunden. Als Faustformel bezüglich der erzielbaren (Relativ-) Genauigkeit gilt $\pm\,1\,\text{ppm}$, das heißt $\pm\,1\,\text{mm}$ pro Kilometer Basislänge.

Eine wesentliche Reduktion der Beobachtungsdauer auf etwa 5 bis 20 Minuten wird mit der Kurzzeit-statischen Methode („Rapid static") erreicht, wobei modifizierte Verfahren zur schnellen Lösung der Phasenmehrdeutigkeiten verwendet werden. Allerdings kann diese Methode nur bei etwa bis 10 km langen Basislinien, bei sehr guter Satellitenkonfiguration und vorzugsweise bei Einsatz von Zweifrequenzempfängern angewendet werden. Die erreichbare Genauigkeit liegt bei $\pm\,(5\,\text{mm}+1\,\text{ppm})$.

Kinematische Methode

Das relativ-kinematische Verfahren ist eine Methode der Punktbestimmung mit kurzer Beobachtungsdauer. Zu Beginn werden die Phasenmehrdeutigkeiten auf einer kurzen Basislinie zum Beispiel durch das relativ-statische Verfahren bestimmt. In weiterer Folge bleibt ein Empfänger auf dem Referenzpunkt stationär, der zweite Empfänger hingegen ist mobil und wird von

Neupunkt zu Neupunkt bewegt, wobei während der Bewegung der Signalempfang von mindestens vier Satelliten erhalten bleiben muß. Andernfalls
ist eine Neubestimmung der Phasenmehrdeutigkeiten vorzunehmen. Die Bewegung des Empfängers kann entweder kontinuierlich erfolgen oder, zur Er-
zielung einer höheren Genauigkeit, jeweils an den Neupunkten für kurze Zeit
gestoppt werden. Im letzten Fall spricht man auch vom „Stop and go" Verfahren. Die erreichbaren Genauigkeiten liegen im Zentimeter-Bereich.

Pseudokinematische Methode

Dieses Verfahren wird auch als „Reokkupationsmethode" bezeichnet. Der
Empfänger im Referenzpunkt bleibt stationär. Der mobile Empfänger be-
nötigt in jedem Neupunkt nur eine kurze Meßzeit von 3–5 Minuten, doch
muß in jedem Neupunkt nach frühestens einer Stunde (damit sich die Satel-
litengeometrie ausreichend ändert) nochmals für einige Minuten gemessen
werden. Während der Bewegung des mobilen Empfängers von Punkt zu
Punkt braucht der Signalempfang nicht erhalten zu bleiben. Der mobile
Empfänger kann im Prinzip während der Bewegung abgeschaltet werden.
Die Genauigkeit dieser Methode entspricht jener beim Kurzzeit-statischen
Verfahren.

2.2 Planung

Die Planung eines GPS-Projekts umfaßt die Wahl eines geeigneten Beobachtungsverfahrens, des Instrumentariums sowie die Planung der eigentlichen
Beobachtungen. Letztere unterscheidet sich wesentlich von jener für klassische Vermessungen, da GPS-Beobachtungen bei jedem Wetter und (im Prinzip) zu jeder Uhrzeit durchgeführt werden können. Außerdem ist keine Sicht-
verbindung zwischen den Beobachtungspunkten, dafür aber eine möglichst
freie Sicht zu den Satelliten über einem Höhenwinkel von etwa 15° erforderlich. Geringere Höhenwinkel führen zu Problemen bei der Elimination von
atmosphärischen Einflüssen.

Für die optimale Planung eines GPS-Projekts müssen mehrere Parameter
berücksichtigt werden. Dazu zählen die Satellitenkonfiguration, die Anzahl
und der Typ der zur Verfügung stehenden Empfänger sowie wirtschaftliche
Aspekte. Der Netzgeometrie kommt nur insoferne Bedeutung zu, als sie für
die Einbindung der GPS-Ergebnisse in das jeweilige Landessystem wesentlich
ist. Für diese Einbindung sind mindestens drei gut verteilte Paßpunkte
erforderlich, wie im Abschnitt 3.5 genauer beschrieben wird.

2.2.1 Vorplanung

Wahl des Beobachtungsverfahrens

Im Abschnitt 2.1 wurden die verschiedenen GPS-Beobachtungsverfahren dargestellt. Daraus geht hervor, daß für geodätische Genauigkeitsanforderungen nur die relative Positionierung mit Hilfe der gemessenen Trägerwellenphasen in Frage kommt. Eine Zusammenstellung der erreichbaren Genauigkeiten bei den relativen Verfahren sowie deren Charakteristik ist in Tabelle 2.1 enthalten.

Das statische Verfahren wird bei höchsten Genauigkeitsansprüchen eingesetzt. Es kann für beliebig lange Basislinien angewendet werden, sofern genügend identische Satelliten von den beiden Basisendpunkten sichtbar sind. Nachteilig ist die Notwendigkeit einer langen Beobachtungszeit, um die Phasenmehrdeutigkeiten lösen zu können. Eine Verkürzung der Beobachtungszeit ist im Fall des Kurzzeit-statischen Verfahrens gegeben, doch ist diese Methode auf Basislinien bis etwa 10 km beschränkt. Außerdem setzt sie eine sehr gute Satellitenkonfiguration sowie vorzugsweise Zweifrequenzempfänger voraus.

Mit dem kinematischen Verfahren können in kurzer Zeit viele Neupunkte bestimmt werden. Nachteilig ist, daß nach erfolgter Bestimmung der Phasenmehrdeutigkeiten der Signalempfang von mindestens vier Satelliten aufrechterhalten bleiben muß. Eine wesentliche Einschränkung ist daher die Notwendigkeit einer genauen Planung der Route für den mobilen Empfänger. Im allgemeinen kann das Verfahren nur im offenen Gelände eingesetzt werden.

Tabelle 2.1. Genauigkeit und Charakteristik der Verfahren zur relativen Punktbestimmung

Verfahren	Genauigkeit	Charakteristik
Statisch	± 0.1 bis ± 1 ppm	Lange Beobachtungszeit (Stunden) Beliebig lange Basislinien
Kurzzeit-statisch	$\pm(5\,\text{mm} + 1\,\text{ppm})$	Kurze Beobachtungszeit (Minuten) Basislinien $\leq$ 10 km Vorzugsweise Zweifrequenzempfänger Gute Satellitengeometrie erforderlich
Kinematisch	± 3 bis ± 10 ppm	Kurze Beobachtungszeit (Sekunden) Nach Initialisierung ständiger Signalempfang von vier Satelliten nötig
Pseudokinematisch	$\pm(5\,\text{mm} + 1\,\text{ppm})$	Kurze Beobachtungszeit (Minuten) Signalunterbrechung irrelevant Zweimalige Punktbesetzung nötig

Das pseudokinematische Verfahren erfordert ebenfalls nur kurze Beobachtungen auf den Neupunkten, allerdings müssen diese nach etwa einer Stunde nochmals besetzt werden. Die optimale Anwendung der pseudokinematischen Methode ist dann gegeben, wenn die Neupunkte entlang einer befahrbaren Route situiert sind, weil dies ein schnelles Umsetzen des Instrumentariums erlaubt.

In der Praxis ist es oft günstig, die angegebenen Beobachtungsverfahren miteinander zu kombinieren. Zum Beispiel kann das statische Verfahren angewendet werden, um das Meßgebiet mit Referenzpunkten zu versehen, die dann als Ausgangspunkte für kinematische Detailvermessungen dienen.

Wahl der Empfänger

Die Feldausrüstung besteht aus den GPS-Empfangseinheiten sowie diversen Hilfsinstrumenten wie etwa meteorologischen Meßgeräten. Dabei wird vorausgesetzt, daß die Empfänger neben Code-Entfernungen auch Phasen messen, die für Genauigkeiten im Bereich von Zentimetern oder Millimetern notwendig sind. Produktempfehlungen werden jedoch vermieden und daher nur allgemeine Richtlinien mitgeteilt.

Für Basislinien bis etwa 15 km genügen in mittleren Breiten Einfrequenzempfänger, die nur die Phasen der Trägerwelle L1 messen. Zweifrequenzempfänger erlauben die Phasenmessung beider Trägerwellen L1 und L2, wobei durch eine Linearkombination beider Phasen ein Großteil der ionosphärischen Refraktion eliminiert werden kann.

Bei der Wahl eines Empfängers ist auch auf die Anzahl der Kanäle zu achten, weil diese ein Maß für die Zahl der gleichzeitig beobachtbaren Satelliten darstellt. Ein weiteres Kriterium ist die Bandbreite der Hochfrequenzeinheit, die bei kinematischen Verfahren infolge der Dynamik des Empfängers eine Rolle spielt. Von Bedeutung kann auch sein, ob Daten in Echtzeit an einen Rechner übertragen werden können und ob die Möglichkeit von DGPS gegeben ist.

Im allgemeinen wird man versuchen, bei einem Projekt nur Empfänger des gleichen Typs einzusetzen. Es ist jedoch eine Kombination verschiedener Empfänger möglich, wenn die registrierten Daten in ein einheitliches Format umgewandelt werden können. Als internationaler Standard für dieses Format hat sich RINEX (Receiver Independent Exchange Format) durchgesetzt.

Zu Genauigkeitsverlusten kann auch der gleichzeitige Einsatz von Antennen verschiedenen Typs führen. Ist die Antenne nicht in den Empfänger integriert, ist auch die Länge des Kabels von der Antenne zum Empfänger von Bedeutung. Kurze Kabel sind leicht transportierbar und verhindern Signalabschwächungen, lange Kabel hingegen erlauben eine größere Flexibilität für den Standort des Empfängers.

Ein moderner Empfänger der derzeitigen Generation, der Code-Entfernungen und Phasen mißt, hat sechs bis zwölf Kanäle, wiegt zwischen 4 und 5 kg und hat eine Leistungsaufnahme von 10–20 W bei einer Spannung von 12 V. Der Preis für einen Einfrequenzempfänger einschließlich der Software für die Auswertung liegt (Jänner 1994) bei etwa öS 150.000 (DM 20.000). Für einen Zweifrequenzempfänger verdoppelt sich dieser Preis nahezu.

2.2.2 Punktauswahl

Hinsichtlich GPS sind bei der Punktauswahl folgende Kriterien von Bedeutung:

1. Keine Sichthindernisse über einem Höhenwinkel von 15°, da diese die Anzahl der beobachtbaren Satelliten reduzieren können.

2. Keine reflektierenden Flächen in Antennennähe, da diese Mehrwegausbreitungseffekte („Multipath") des Satellitensignals verursachen.

3. Keine elektrischen Anlagen in unmittelbarer Nähe, da die Gefahr der Störung des Satellitensignals besteht.

Darüber hinaus kommen natürlich auch die Kriterien zum Tragen, die nicht auf Anwendungen mit GPS beschränkt sind: leichte Zugänglichkeit (vorzugsweise mit Fahrzeugen), Sicherheit der Punkterhaltung, Punktlage auf öffentlichem Grund.

Die Felderkundung dient dazu, jeden der vorgesehenen Beobachtungspunkte auf seine GPS-Tauglichkeit gemäß den obigen Kriterien zu prüfen. Im Fall von unvermeidbaren Sichthindernissen, etwa im Wald oder in stark verbautem Gebiet, muß auf Exzentern beobachtet werden, oder man montiert die Antenne auf geeigneten Masten. Bei der Felderkundung sind auch die Zufahrtswege im Detail festzulegen, um möglichst wenig Zeit bei der Umsetzung des Instrumentariums auf die nächste Station zu verlieren.

Besonders kritisch ist die Felderkundung im Fall von kinematischen Beobachtungen, wo neben der Prüfung der Detailpunkte auch die Route für die mobilen Empfänger sorgfältig erkundet werden sollte. Tritt ein unvermeidliches Sichthindernis zu den Satelliten wie etwa bei Unterführungen auf, dann sind Zwischenpunkte beidseitig des Hindernisses zur Neubestimmung der Phasenmehrdeutigkeiten vorzusehen.

Die Mehrwegausbreitung des Satellitensignals tritt vor allem in der Nähe von reflektierenden Flächen auf und kann die gemessenen Phasen bis zu mehreren Zentimetern verfälschen. Als reflektierende Flächen sind solche mit einer Oberflächenrauhigkeit von $\leq 2\,\mathrm{cm}$ zu betrachten, etwa metallische Flächen, engmaschige Zäune, Bäume, Fassaden, Felswände und Wasseroberflächen. Aus diesem Grund soll auch ein geparktes Fahrzeug einen Mindestabstand von 10 m von der Antenne haben.

Auch Sender oder sonstige elektrische Anlagen (Hochspannungsleitungen, Oberleitungen, Transformatoren) in unmittelbarer Nähe der Antenne können die Satellitensignale beeinflussen. Im Extremfall ist ein Empfang überhaupt unmöglich.

Nach der Felderkundung und Stabilisierung wird vorteilhaft für jeden Punkt eine Skizze mit dem Verlauf des Horizonts und der näheren Punktumgebung angefertigt. Die Skizze sollte auch eine detaillierte Beschreibung des Zufahrtsweges enthalten und könnte durch Photos ergänzt werden. Weitere nützliche Informationen betreffen Namen und Anschrift des Grundeigentümers, Art der Stabilisierung, vorläufige Koordinaten und Höhen, Möglichkeit eines Stromanschlusses und ähnliches mehr.

2.2.3 Einsatzplanung

Die erste Phase der Einsatzplanung betrifft die Wahl eines zeitlichen Beobachtungsfensters (das sich von Tag zu Tag um vier Minuten verschiebt) und dessen Unterteilung in einzelne Sessionen. Das optimale Fenster ist durch eine möglichst große Anzahl beobachtbarer Satelliten und einen möglichst kleinen als PDOP bezeichneten Wert charakterisiert. PDOP stellt ein Maß für die Geometrie der Empfänger-Satelliten-Konfiguration dar. Ein weiterer Aspekt für die Auswahl der Beobachtungszeit ist die ionosphärische Refraktion, die in den Nachtstunden einen deutlich geringeren Einfluß hat.

Die Auswahl eines Beobachtungsfensters wird durch verschiedene graphische Darstellungen unterstützt, die im allgemeinen in der Firmensoftware, die mit dem Empfänger geliefert wird, enthalten sind. Diese Darstellungen basieren im wesentlichen auf Berechnungen des Azimutes und des Höhenwinkels für die einzelnen Satelliten in Funktion der Zeit und des Beobachtungsortes, der hierzu nur auf etwa $\pm 100\,\mathrm{km}$ bekannt sein muß.

Tabelle 2.2 zeigt einen Ausschnitt einer solchen Liste. Die äußerst linke Spalte gibt die Uhrzeit an. Jede der folgenden Spalten beinhaltet die Elevation (Höhenwinkel) e und das Azimut a für die einzelnen Satelliten in Altgrad. Eine graphische Darstellung der gesamten Satellitensichtbarkeit zeigt Fig. 2.1. Auf der Ordinate sind die Nummern der Satelliten aufgetragen. Die horizontalen Balken geben jene Zeitspannen an, in denen sich die einzelnen Satelliten mehr als 15° über dem Horizont befinden. Aus der Figur kann unter anderem abgelesen werden, daß bereits 24 Satelliten im Umlauf und durchgehend mindestens vier Satelliten simultan beobachtbar sind.

Tabelle 2.2. Ausschnitt einer Liste für Elevation e und Azimut a (beide in Altgrad) der Satelliten für Graz am 1. Oktober 1993 bei einer Höhenwinkelschranke von 15°

Sat.Nr.	02		16		18		19		24		26		27	
Zeit	e	a	e	a	e	a	e	a	e	a	e	a	e	a
18:30			43	304	44	85	73	78	29	249			68	208
18:45			49	301	38	90	67	66	24	244			75	208
19:00	17	170	54	294	33	95	61	61	19	238			82	204
19:15	24	169	59	285	27	99	54	59					88	111
19:30	31	167	62	272	21	103	48	59					81	56
19:45	38	165	63	256	16	107	41	60			19	293	74	53
20:00	45	162	61	240			35	62			25	295	67	55
20:15	52	157	57	228			29	64			31	298	61	57
20:30	58	151	52	219			23	67			37	300	54	60

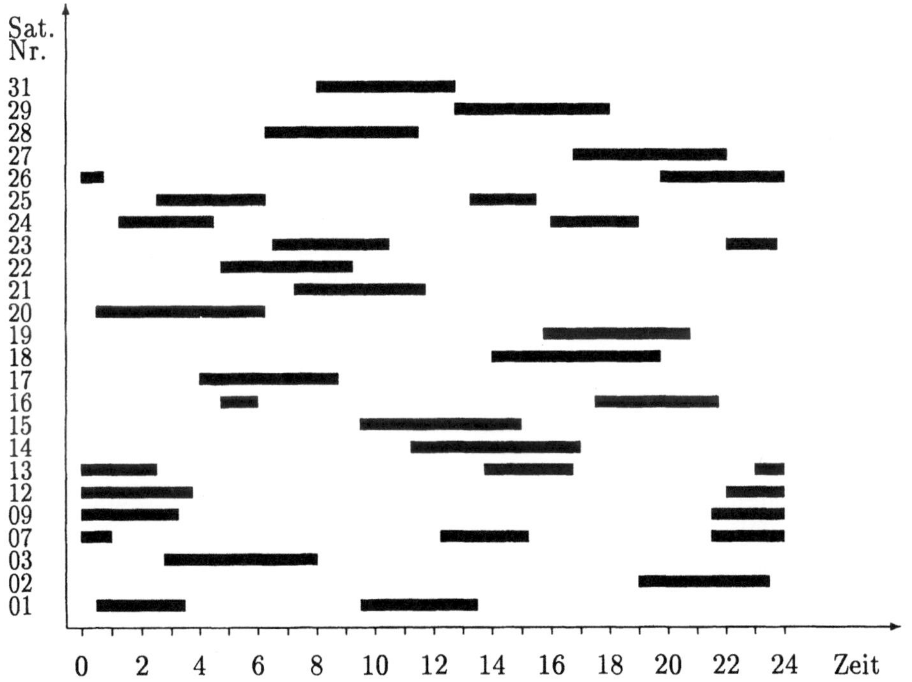

Fig. 2.1. Sichtbarkeit der Satelliten für Graz am 1. Oktober 1993 bei einer Höhenwinkelschranke von 15°

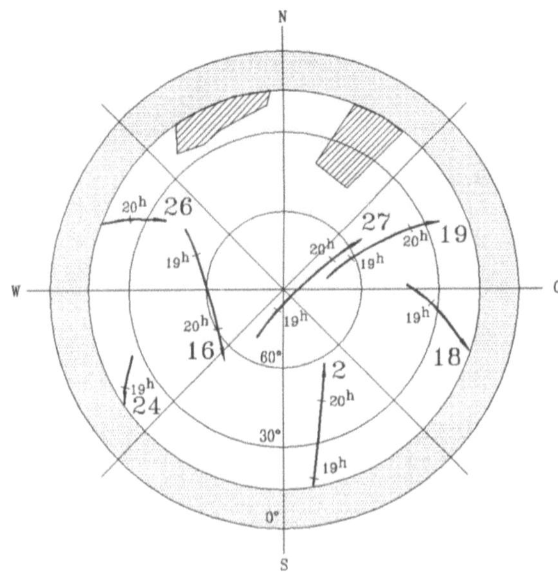

Fig. 2.2. Polare Darstellung der Satellitenbahnen für Graz am
1. Oktober 1993 zwischen 18:30 und 20:30 Uhr bei einer Höhenwinkelschranke von 15°

Eine andere Sichtbarkeitsdarstellung ist durch sogenannte „Sky Plots"
wie in Fig. 2.2 gegeben. Diese polaren (oder auch orthogonalen) Plots zeigen die Satellitenbahnen oder Ausschnitte davon in Funktion des Höhenwinkels und des Azimuts. Sie werden häufig durch Zeitmarken ergänzt sowie
durch Eintragung des lokalen Horizonts, der aus einer Feldbegehung oder
über ein digitales Geländemodell erhalten wird und der die Sichthindernisse
darstellt. Im Beispiel von Fig. 2.2 beeinflussen die schraffiert dargestellten
Sichthindernisse die Sichtbarkeit der Satelliten nicht.

Einen Einblick in die geometrische Situation (Empfänger-Satelliten-Konfiguration) ermöglicht die von der Firmensoftware angebotene Berechnung
der bereits erwähnten PDOP-Faktoren in Funktion der Zeit. Eine Darstellung der PDOP-Werte ist in Fig. 2.3 gegeben. Aus der Figur ist ersichtlich,
daß PDOP meistens zwischen 1 und 5 liegt. Nur in wenigen Fällen liegt für
kurze Zeitabschnitte eine schlechte Satellitengeometrie vor. Dies zeigt sich in
größeren PDOP-Werten. Aus der in Fig. 2.3 ebenfalls dargestellten Anzahl
der sichtbaren Satelliten kann man erkennen, daß eine höhere Satellitenzahl
nicht unbedingt ein niedrigeres PDOP bedeutet (vgl. etwa die Situation um
18 Uhr).

Zu einer Einschätzung von PDOP kann man auch die Darstellungen

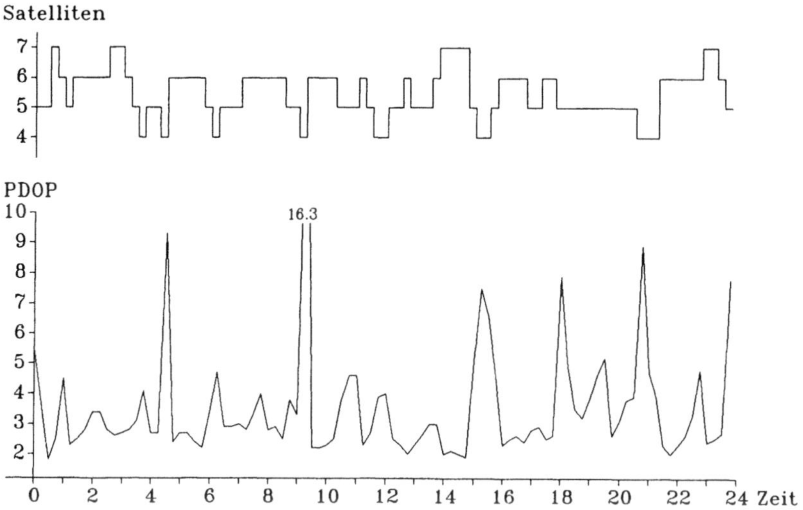

Fig. 2.3. PDOP-Werte und Anzahl der sichtbaren Satelliten für Graz am 1. Oktober 1993 bei einer Höhenwinkelschranke von 15°

der Satellitenbahnen aus dem Sky Plot von Fig. 2.2 heranziehen. Eine gleichmäßige Verteilung der Satelliten ist im allgemeinen ein Indikator für gute PDOP-Werte.

Wie bereits erwähnt, wird das gesamte Beobachtungsfenster in Sessionen unterteilt. Vier Faktoren bestimmen die Länge einer Session für das relativstatische Verfahren:

1. Länge der Basislinie.

2. Anzahl der beobachtbaren Satelliten.

3. Geometrie der Satellitenkonfiguration (PDOP).

4. Signal-Rausch-Verhältnis der empfangenen Satellitensignale („Signal-to-noise ratio" SNR).

Tabelle 2.3 zeigt eine Abschätzung für die erforderlichen Sessionslängen, wenn man eine Genauigkeit von etwa 1 ppm erreichen möchte. Diese Angaben beziehen sich auf die Daten von Einfrequenzempfängern, mit denen eine schnelle Ambiguitätenlösung nur in bestimmten Fällen möglich ist. Weiters wird vorausgesetzt, daß mindestens vier Satelliten beobachtbar sind und normale ionosphärische Bedingungen vorherrschen.

Die Sessionslängen sind so zu bemessen, daß die gewünschte projektspezifische Genauigkeit erreicht wird. Allerdings ist auch der wirtschaftliche

Tabelle 2.3. Sessionslängen in Funktion der Länge
der Basislinie für das relativ-statische Verfahren

Basislinie [km]	Session [min]
0 – 1	10 – 30
1 – 5	30 – 60
5 – 10	60 – 90
10 – 15	90 – 120

Aspekt von kürzeren Sessionen zu bedenken. Jedenfalls sind die Zeitspannen zwischen den Sessionen so zu wählen, daß die Umsetzung aller beteiligten Empfänger und deren Neuinstallierung garantiert ist. Weiters ist zu beachten, daß in den einzelnen Sessionen jeweils ein Überlappungspunkt vorgesehen wird, um die Einzelergebnisse auf einen gemeinsamen Bezugspunkt reduzieren zu können.

Die zweite Phase der Einsatzplanung für statische Beobachtungen beginnt mit der Zuteilung von Personal und Ausrüstung an jeden Meßtrupp. Für das Arbeiten mit einem GPS-Empfänger ist kein hochspezialisiertes Personal erforderlich, jedoch sollte jeder Meßtrupp mit den lokalen Gegebenheiten vertraut sein. Nach der Erstellung eines detaillierten Einsatzplans ist ersichtlich, welches Team in welcher Session welchen Punkt besetzt.

Die minimale Anzahl s von Sessionen in einem Netz von p Punkten und bei Einsatz von e Empfängern ist durch

$$s = \frac{p - r}{e - r} \tag{2.1}$$

gegeben, wobei r die Anzahl der Überlappungspunkte zwischen den einzelnen Sessionen bedeutet. Gleichung (2.1) ist nur für $r \geq 1$ und $e > r$ sinnvoll. Wenn sich keine ganzzahlige Anzahl von Sessionen ergibt, ist s auf die nächstgrößere ganze Zahl zu runden.

Soll jeder Punkt zur Kontrolle n-mal besetzt werden, dann ergibt sich die Anzahl s der notwendigen Sessionen aus

$$s = \frac{n\,p}{e} \,, \tag{2.2}$$

wobei s wiederum auf die nächstgrößere ganze Zahl zu runden ist.

Als Beispiel wird ein Netz betrachtet, das aus neun gleichmäßig verteilten Punkten besteht, vgl. Fig. 2.4. Dieses Netz soll unter Verwendung von drei Empfängern und mit der minimalen Überlappung $r = 1$ gemessen werden. Unter diesen Voraussetzungen ergibt Gl. (2.1) $s = 4$ als minimale Anzahl

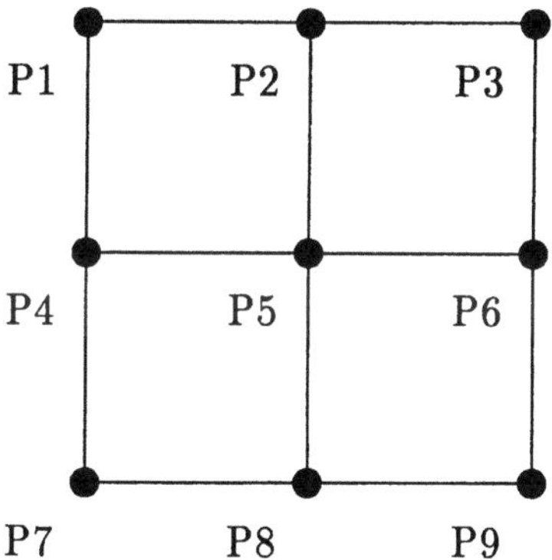

Fig. 2.4. Netzkonfiguration

Tabelle 2.4. Prinzip eines Einsatzplanes

Empfänger	Session	1	2	3	4	5	6
A		P2	P4	P4	P6	P7	P1
B		P5	P5	P1	P3	P8	P2
C		P8	P6	P7	P9	P9	P3

von Sessionen. Die ersten vier Sessionen in Tabelle 2.4 stellen eine mögliche Lösung für einen Einsatzplan dar. Dabei ist zu beachten, daß die Überlappungspunkte nicht in unmittelbar aufeinanderfolgenden Sessionen aufscheinen müssen. Wenn jeder Punkt zweimal besetzt werden soll, dann ergibt sich aus Gl. (2.2) die Lösung $s = 6$, die zu den zwei restlichen Sessionen in Tabelle 2.4 führt. Der vorgeschlagene Einsatzplan hat den Vorteil, daß alle (kurzen) Basislinien zwischen benachbarten Punkten gemessen werden, wodurch eine homogene Genauigkeit garantiert wird. Die in den zusätzlichen zwei Sessionen gemessenen Basislinien geben Anlaß zu Schleifenbedingungen, die auch zur Aufdeckung von groben Fehlern dienen können.

Auch bei kinematischen Beobachtungen sind Wiederholungsmessungen vorzusehen, damit man eine Aussage über die erreichte Genauigkeit treffen kann. Die Beobachtungssessionen sind jeweils so zu wählen, daß mindestens vier, besser aber mehr Satelliten mit einem Höhenwinkel nicht kleiner als etwa 15° über dem Horizont beobachtbar sind und der PDOP-Faktor nicht größer als etwa 6 ist.

Abschließend wird empfohlen, für die Einsatzplanung auch zusätzliche Hinweise von GPS-Informationsdiensten einzuholen. Nationale und internationale Informationsdienste sind bereits weltweit eingerichtet.

2.3　Messung

Die Durchführung der GPS-Messungen wird durch eine gute Planung wesentlich vereinfacht. Dies gilt auch dann, wenn Teile der Planung erst unmittelbar vor Beginn der Beobachtungen durchgeführt werden. Vielfach wird GPS nämlich im lokalen Bereich eingesetzt, wobei der Vermessungstrupp die Punkterkundung und gegebenenfalls eine Einsatzplanung direkt an Ort und Stelle durchführt.

2.3.1　Vorbereitung

Antennenaufstellung

Die Antennen werden bei statischen Beobachtungen auf Pfeilern oder Stativen, bei kinematischen oder pseudokinematischen Beobachtungen hingegen auf einfachen Lotstäben montiert. Dabei ist besonders zu beachten, daß das Antennenkabel nicht geknickt wird. Die Antennen können zur Vermeidung von Multipath mit Abschirmungen versehen werden. Allerdings ist dabei die Gefahr eines erhöhten Winddrucks und damit das Risiko einer Antenneninstabilität gegeben. Es wird empfohlen, die Antennen einheitlich nach einer Referenzrichtung (z.B. mittels Bussole nach Norden) zu orientieren, um den Einfluß von Exzentrizitäten des Phasenzentrums bei Antennen gleicher Bauart zu eliminieren. Die Messung der Antennenhöhe ist erfahrungsgemäß eine häufige Fehlerquelle. Um diese auszuschalten, sollte die Antennenhöhe zu Beginn und am Ende der Beobachtungen gemessen werden.

Initialisierung

Die meisten Empfänger erlauben die Vorprogrammierung oder die Eingabe von verschiedenen Parametern wie etwa Datenaufzeichnungsrate, minimale Anzahl von Satelliten, ab der eine Datenregistrierung erfolgt, Beginn- und Endzeit für die Sessionen, Schranke für minimalen Höhenwinkel oder PDOP-Faktor und anderes mehr. Die Datenaufzeichnungsrate ist für die meisten praktischen Anwendungen im Bereich zwischen einer Sekunde und einer Minute zu wählen, wobei dieser Wert vom verwendeten Empfängertyp und vom Beobachtungsverfahren abhängt. Dicht registrierte Daten sind vor allem bei kinematischen Anwendungen notwendig. Empfehlungen für die Datenaufzeichnungsrate können den Empfänger-Handbüchern entnommen werden. Moderne Empfänger stellen pro Satellit einen Kanal zur Verfügung. Sollten mehr Satelliten sichtbar als Kanäle verfügbar sein, kann man eine Vorauswahl der zu beobachtenden Satelliten treffen. Eine Vorauswahl ist auch erforderlich, wenn ein Satellit etwa wegen Funktionsstörungen nicht beobachtet werden soll. Wichtig ist, daß die eingegebenen Parameter für alle beteiligten Empfänger identisch sind.

Für kinematische Beobachtungen müssen vor Beginn der Bewegung der mobilen Antenne die Phasenmehrdeutigkeiten bestimmt werden. Dies kann durch verschiedene Techniken erfolgen. Im einfachsten Fall wird nicht nur die stationäre Referenzantenne, sondern auch die mobile Antenne auf einem bekannten Punkt positioniert. Die Ambiguitäten können dann aus wenigen Beobachtungsepochen abgeleitet werden. Zur Bestimmung der Phasenmehrdeutigkeiten kann aber auch eine relativ-statische Beobachtung eines unbekannten Punktes dienen. Eine weitere Technik schließlich beruht auf einem Vertauschen der beiden Antennen und wird auch als „Antenna Swap" bezeichnet. In den beiden letztgenannten Fällen werden neben den Phasenmehrdeutigkeiten auch die Koordinaten des Startpunktes der mobilen Antenne bestimmt.

2.3.2 Durchführung

Eine Kommunikationsmöglichkeit zwischen den einzelnen Vermessungsteams ist wünschenswert. Damit können zum Beispiel Verspätungen beim Umsetzen zwischen den Sessionen berücksichtigt werden. Vor allem bei Beobachtungsverfahren mit kurzen Beobachtungszeitspannen ist eine Kommunikation zur Sicherung der simultanen Messungen wichtig.

Erfahrungsgemäß ist die Stromversorgung besonders zu beachten. Es wird daher empfohlen, stets genügend Reservebatterien mitzuführen. Viele Empfänger erlauben einen Batteriewechsel ohne Unterbrechung der Beobachtung.

Bei statischen Beobachtungen läuft die Datenregistrierung in den meisten Fällen vollautomatisch ab. Trotzdem sollte ein Operator, der gegebenenfalls für mehrere Empfänger zuständig ist, regelmäßige Kontrollen durchführen, um Datenverluste zu minimieren. Für hochpräzise Messungen wird auch die Erfassung meteorologischer Daten empfohlen. Bei den meisten praktischen Anwendungen werden meteorologische Daten jedoch nicht benötigt, da die in den Auswerteprogrammen verwendete Standardatmosphäre völlig ausreichend ist.

Bei kinematischen Anwendungen werden anfangs die beiden Antennen auf dem Referenzpunkt und dem durch die Initialisierung bekannten Startpunkt positioniert. Nach der Beobachtung von einigen Epochen im Startpunkt wird die mobile Antenne der Reihe nach zu den Neupunkten transportiert. Kommt es dabei zu Signalabschattungen, so daß weniger als vier identische Satelliten beobachtbar sind, muß die Initialisierung wiederholt werden (weil nach Ende der Signalabschattungen neue Phasenmehrdeutigkeiten auftreten). Hierzu wird die mobile Antenne auf einem bereits gemessenen Neupunkt als Startpunkt positioniert.

Bei den Beobachtungen ist Vorsicht im Fall von Gewittern geboten, da Blitzschlag zur Beschädigung oder gar Zerstörung der Empfänger führen kann. Daher wird empfohlen, während eines Gewitters die Empfänger auszuschalten und die Stecker der Antennenkabel herauszuziehen. Zudem haben Messungen in der Nähe oder beiderseits von Gewitterfronten gezeigt, daß daraus oft stark verrauschte Messungen resultieren, die zu Problemen bei der Berechnung von Basisvektoren führen können.

2.3.3　Ergänzende Arbeiten

Sind allfällige Exzentereinmessungen nicht schon im Planungsstadium durchgeführt worden, so können diese während oder nach Beendigung der GPS-Messungen erfolgen. Am Ende einer Session sollte die Position der Antenne überprüft und auch die Antennenhöhe nochmals gemessen werden.

Zur Unterstützung der Auswertung ist es außerdem günstig, den Beobachtungsverlauf in einem Protokoll festzuhalten, wobei folgende Informationen von Interesse sind:

1. Projektname und Punktbezeichnung.

2. Datum der Beobachtung und Sessionsnummer.

3. Beginn und Ende der Beobachtungen.

4. Name des Datenfiles.

5. Beobachterteam und Instrumentarium.

6. Antennenhöhe und Lageexzentrizitäten.

7. Meteorologische Daten.

8. Probleme während der Beobachtungen.

2.4　Vorauswertung

2.4.1　Datentransfer

Die im Empfänger gespeicherten Beobachtungsdaten werden mit Hilfe der Firmensoftware auf die Festplatte eines Rechners übertragen und sollten stets sofort zusätzlich auf Disketten gesichert werden. Dieser Datentransfer vom Empfänger in einen Rechner sollte, wenn möglich, unmittelbar nach

Abschluß der Session durchgeführt werden, um die Möglichkeit eines Datenverlusts auszuschalten. Notebook-Computer können für diese Aufgabe ideal eingesetzt werden. Die Datenfiles für eine Session enthalten nicht nur die eigentlichen Beobachtungsdaten wie Code-Entfernungen oder Phasen, sondern auch die Bahndaten und andere Informationen. Eine einheitliche Notation für die Bezeichnung der Datenfiles hat sich noch nicht durchgesetzt. Der Filename ist so zu gestalten, daß eine eindeutige Zuordnung der darin enthaltenen Daten gegeben ist. Stehen acht Zeichen plus drei Zeichen (Extension) für den Filenamen zur Verfügung, so können beispielsweise wie bei RINEX folgende Identifizierungsmerkmale herangezogen werden: die Punktnummer (4 Zeichen), der Beobachtungstag innerhalb des Jahres (3 Zeichen), die Session (1 Zeichen), die letzten beiden Ziffern des laufenden Jahres (2 Zeichen) und der Datentyp (1 Zeichen).

Es wird auch empfohlen, die während der Feldbeobachtungen eingegebenen Informationen, wie etwa die Antennenhöhe, mit den Aufzeichnungen in den Protokollen zu vergleichen und, falls nötig, zu korrigieren. Für die weitere Auswertung ist ein Verzeichnis hilfreich, in das für jede Session die zugehörigen Punkte einschließlich ihrer Antennenhöhen eingetragen sind. Eine solche Liste sollte auch dem Technischen Bericht beigelegt werden.

2.4.2 Berechnung der Basisvektoren

Eine (vorläufige) Datenauswertung kann unmittelbar nach dem Datentransfer bereits im Feld erfolgen. Zum Beispiel erlauben moderne Notebook-Computer die Auswertung von Basislinien in wenigen Minuten. Eine solche Datenüberprüfung ist vor allem für ausgedehnte Projekte von Bedeutung und sollte zumindest einmal pro Beobachtungstag vorgesehen werden.

Sollen Daten von Empfängern verschiedener Hersteller verwendet werden, sind diese nötigenfalls in ein einheitliches Format (RINEX) umzuwandeln.

Bei der Berechnung von Basislinien sind die Koordinaten der Referenzstation im WGS-84 vorzugeben. Für die dabei erforderliche Genauigkeit gilt als Faustregel, daß ein Punktlagefehler von $\pm 20\,\mathrm{m}$ einen Basislinienfehler von $\pm 1\,\mathrm{ppm}$ hervorruft. Daher wird für hohe Genauigkeitsanforderungen empfohlen, die Koordinaten der Referenzstation nach den im Abschnitt 3.1 bzw. 3.3 angegebenen Formeln zu berechnen und nicht einfach die Navigationslösung zu verwenden.

Bei statischen Beobachtungen können die Auswertungen entweder für jede Basislinie getrennt oder in Form eines Netzwerkes erfolgen. Die Einzelauswertung hat den Vorteil, daß grobe Fehler leichter erkannt und bereinigt werden können. Weiters ist zu unterscheiden, ob die Auswertung automatisch oder interaktiv durchgeführt wird. Ohne auf weitere Details einzugehen, werden nachfolgend jene Schritte einer Basislinienauswertung mitgeteilt, die im Prinzip den meisten Auswerteprogrammen gemeinsam sind:

1. Berechnung der Satellitenpositionen aus den Bahndaten.

2. Berechnung vorläufiger Punktkoordinaten aus den beobachteten Code-Entfernungen.

3. Bildung von Phasendifferenzen und Berechnung der Korrelationen.

4. Berechnung des Basislinienvektors aus Dreifachdifferenzen. Diese Methode ist weitgehend unempfindlich gegen Sprünge in den Phasenmehrdeutigkeiten („Cycle slips"), sie liefert allerdings nur geringe Genauigkeiten.

5. Elimination der Sprünge in den Phasenmehrdeutigkeiten.

6. Berechnung des Basislinienvektors aus Doppeldifferenzen, wobei die Phasenmehrdeutigkeiten als Unbekannte angesetzt und als Dezimalzahlen erhalten werden.

7. Rundung der Phasenmehrdeutigkeiten auf die wahrscheinlichsten ganzzahligen Werte.

8. Neuerliche Berechnung des Basislinienvektors aus Doppeldifferenzen, wobei nun die Phasenmehrdeutigkeiten als bekannte Größen eingeführt werden.

Bei kinematischen Auswertungen werden vorerst die Phasenmehrdeutigkeiten aus den Beobachtungen während der Initialisierungsphase berechnet. Die einzelnen Basislinienvektoren folgen dann wie im letzten Schritt der statischen Auswertungen aus Doppeldifferenzlösungen mit den bereits bekannten Phasenmehrdeutigkeiten.

2.4.3 Qualitätskontrollen

Den Protokollen der Auswertung können mehrere Daten entnommen werden, die für jede einzelne Basislinie eine Qualitätskontrolle erlauben. Dies soll nachfolgend exemplarisch für zwei Basislinien gezeigt werden.

Die Beobachtungen wurden mit Einfrequenzempfängern durchgeführt, wobei fast ständig fünf Satelliten sichtbar waren. Für die beiden Basislinien lagen Daten über einen Zeitraum von einer halben Stunde vor.

Die erste Spalte der Tabelle 2.5 gibt die Art der einzelnen Lösungen an, nämlich aus Dreifach- oder Tripeldifferenzen (TD), aus Doppeldifferenzen

Tabelle 2.5. Statistik für zwei Basislinien

1	2	3	4	5	6	7	8	9
Lösung	ΔX [m]	ΔY [m]	ΔZ [m]	$\sigma_{\Delta X}$ [m]	$\sigma_{\Delta Y}$ [m]	$\sigma_{\Delta Z}$ [m]	q	rms [m]
TD	−303.457	135.317	158.292	1.419	1.011	0.520		0.003
DD1	−303.431	135.314	158.284	0.068	0.062	0.027		0.003
DD2	−303.437	135.327	158.263	0.003	0.006	0.004	30.1	0.004
TD	−191.888	−343.451	−546.721	6.686	0.699	1.488		0.004
DD1	−192.221	−343.366	−546.721	0.538	0.069	0.102		0.007
DD2	−192.217	−343.192	−546.689	0.027	0.107	0.051	1.7	0.052

mit Phasenmehrdeutigkeiten als Dezimalzahlen (DD1) und aus Doppeldifferenzen mit festgehaltenen Phasenmehrdeutigkeiten (DD2). Die nächsten drei Spalten enthalten die Komponenten des jeweiligen Basislinienvektors. Die zugehörigen Standardabweichungen sind in den Spalten fünf bis sieben ausgewiesen. Der in der achten Spalte angegebene q-Wert gibt einen Hinweis auf die Güte der Bestimmung der Phasenmehrdeutigkeiten. Die letzte Spalte schließlich erlaubt eine Aussage über den mittleren Phasenmeßfehler.

Der q-Wert sollte besonders für Basislinien bis etwa 5 km größer als 3 sein. Daraus folgt, daß die Ergebnisse für die zweite Basislinie in Tabelle 2.5 problematisch sind. Dies folgt auch aus den Standardabweichungen für die Komponenten des Basislinienvektors, die im Vergleich zur ersten Basislinie im allgemeinen wesentlich größer sind. Weitere Indizien für eine schlechte Lösung sind große Unterschiede zwischen den beiden Doppeldifferenz-Lösungen DD1 und DD2 hinsichtlich des mittleren Phasenmeßfehlers oder in den Koordinaten. Zum Beispiel ändert sich für die zweite Basislinie der mittlere Phasenmeßfehler um den Faktor sieben, und der Koordinatenunterschied im Fall von ΔY beträgt mehr als 17 cm! Die Ursache für das schlechte Ergebnis dieser Basislinie liegt darin begründet, daß die Phasenmehrdeutigkeiten nicht eindeutig auf die korrekten ganzzahligen Werte gerundet werden konnten. Dies kann auch aus Tabelle 2.6 ersehen werden, welche die aus den DD1-Lösungen folgenden Werte der Phasenmehrdeutigkeiten für die zwei Basislinien enthält. Für die erste Basislinie sind die Phasenmehrdeutigkeiten immer nahe einer ganzen Zahl. Dies ist für die zweite Basislinie nicht der Fall und wird besonders deutlich in der zweiten Phasenmehrdeutigkeit.

Hinweise auf fehlerhafte Daten können auch in den Residuen der beobachteten Phasen gefunden werden. Beim Aufbau von Netzen aus den einzelnen Basislinien ergibt sich eine weitere Kontrollmöglichkeit durch die aus Überbestimmungen folgenden Schleifenschlußfehler. Dabei sind diese Schleifen so zu bilden, daß der Punkt mit den wahrscheinlich fehlerhaften

Tabelle 2.6. Berechnete Phasenmehrdeutigkeiten
aus den Doppeldifferenz-Lösungen

Erste Basislinie	Zweite Basislinie
−970431.089	−184540.781
832899.977	155781.542
2235113.884	29969.388
61256.060	12931.837

Beobachtungen identifiziert werden kann. Auch die Residuen einer Netzausgleichung lassen Hinweise auf fehlerhafte Basislinien zu.

Nach den Qualitätskontrollen liegen in der Regel einzelne Basisvektoren
vor, die sich auf das GPS-Koordinatensystem beziehen. Einerseits können
aus diesen Basisvektoren Netze gebildet und ausgeglichen werden. Die so
erhaltenen Koordinaten sind anschließend in das jeweilige Landessystem zu
transformieren. Andererseits können die einzelnen Basisvektoren mit kon-
ventionellen terrestrischen Daten kombiniert werden. Die Lösung der genannten Aufgaben wird im folgenden Kapitel beschrieben.

3 Auswertung

3.1 Koordinatensysteme

Für die Weiterverarbeitung von GPS-Ergebnissen müssen zunächst verschiedene Koordinatensysteme definiert werden.

Unter einem globalen Koordinatensystem wird im folgenden ein (rechtsdrehendes) geozentrisches kartesisches Koordinatensystem verstanden, dessen Z-Achse mit der mittleren Rotationsachse der Erde zusammenfällt und dessen X-Achse in der Meridianebene von Greenwich liegt. Das GPS zugeordnete Koordinatensystem WGS-84 ist ein solches globales System, wobei ein Punkt im Raum durch den Ortsvektor $\mathbf{X}$ mit den Koordinaten X, Y, Z festgelegt wird.

In diesem dreidimensionalen Raum kann in jedem Punkt der Erde auch ein lokales Tangentialkoordinatensystem definiert werden, wobei die u- und v-Achse die Horizontalebene des Punktes bilden und nach Norden und Osten weisen. Die w-Achse ist Tangente an die Lotrichtung und fällt folglich mit der Stehachse eines fehlerfrei aufgestellten Theodoliten zusammen. Daher dient das lokale Tangentialkoordinatensystem auch als Bezugssystem für terrestrische Beobachtungen.

In der Landesvermessung werden Punkte meist auf ein (lokales) Ellipsoid bezogen und durch die ellipsoidischen Koordinaten φ, λ, h festgelegt. Wird von einem Punkt im Raum die Normale auf das Ellipsoid gefällt, dann entspricht der Abstand zwischen Punkt und Ellipsoidoberfläche entlang dieser Normalen[1] der ellipsoidischen Höhe h. Der Durchstoßpunkt der Normalen mit dem Ellipsoid definiert die ellipsoidische Breite φ und die ellipsoidische Länge λ des Punktes. Hierfür findet man auch häufig die Bezeichnungen geographische Breite und Länge. Als Bezugsmeridian für die Längenzählung wird meist der Meridian von Greenwich gewählt. Im Fall der österreichischen Landesvermessung ist dies jedoch der Meridian durch Ferro, der definitionsgemäß $17°40'$ (exakt) westlich von Greenwich liegt.

Liegen Punkte auf dem Ellipsoid, dann sind diese wegen $h = 0$ nur durch die beiden Parameter φ und λ definiert. Werden die Ellipsoidpunkte in eine Ebene abgebildet, bezeichnet man die Punktkoordinaten in der Ebene üblicherweise mit x und y.

---

[1] Der Genitiv für die Normale ist nicht einheitlich: im Duden Grammatikband wird er mit „der Normale", im Duden Fremdwörterbuch jedoch mit der im mathematischen Sprachgebrauch häufiger verwendeten Form „der Normalen" angegeben.

Die Zusammenhänge zwischen den einzelnen Koordinatensystemen werden nachfolgend im Detail beschrieben, wobei auch auf die Beziehung zwischen den ellipsoidischen Höhen h und den in der Landesvermessung gebräuchlichen orthometrischen Höhen H eingegangen wird.

3.1.1 Kartesische und ellipsoidische Koordinaten

Die Transformation der ellipsoidischen Koordinaten φ, λ, h eines Punktes P in seine kartesischen Koordinaten X, Y, Z, vgl. Fig. 3.1, wird durch

$$\mathbf{X} = \begin{bmatrix} X \\ Y \\ Z \end{bmatrix} = \begin{bmatrix} (N+h)\cos\varphi\cos\lambda \\ (N+h)\cos\varphi\sin\lambda \\ ((1-e^2)\,N+h)\sin\varphi \end{bmatrix} \tag{3.1}$$

beschrieben, wobei

$$N = \frac{a^2}{\sqrt{a^2\cos^2\varphi + b^2\sin^2\varphi}} = \frac{a^2}{b\sqrt{1+e'^2\cos^2\varphi}} \tag{3.2}$$

den Normalkrümmungsradius bedeutet. Darin bezeichnen a und b die große und kleine Halbachse des Ellipsoids sowie die beiden dimensionslosen Größen $e^2 = (a^2 - b^2)/a^2$ bzw. $e'^2 = (a^2 - b^2)/b^2$ die erste bzw. zweite numerische Exzentrizität. Beziehen sich die kartesischen Koordinaten auf das globale System, werden sie auch als ECEF-Koordinaten („Earth-centered-earth-fixed") bezeichnet.

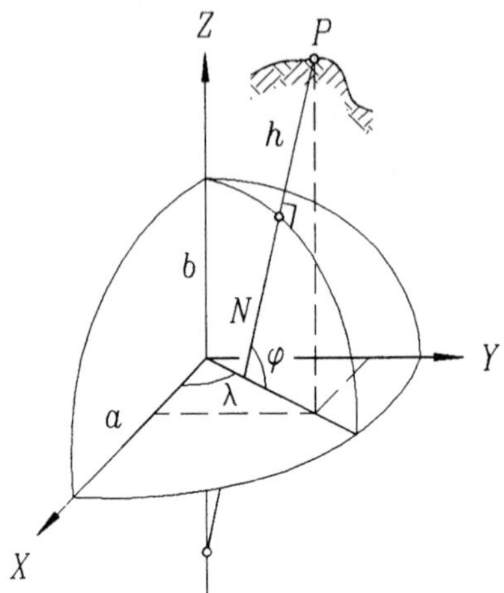

Fig. 3.1. Kartesische und ellipsoidische Koordinaten

Die zu (3.1) inversen Beziehungen ermöglichen die Berechnung der ellipsoidischen Koordinaten aus den kartesischen Koordinaten. Nach einfachen Umformungen ergibt sich

$$\tan \varphi = \frac{Z}{\sqrt{X^2 + Y^2}} \left(1 - e^2 \frac{N}{N + h} \right)^{-1}$$

$$\tan \lambda = \frac{Y}{X} \tag{3.3}$$

$$h = \frac{\sqrt{X^2 + Y^2}}{\cos \varphi} - N \,.$$

Wie aus der zweiten Gleichung von (3.3) ersichtlich ist, kann die ellipsoidische Länge λ unmittelbar aus den kartesischen Koordinaten berechnet werden. Die ellipsoidische Breite φ und die ellipsoidische Höhe h hingegen erhält man iterativ aus der ersten und dritten Gleichung von (3.3), wobei zur Berechnung einer ersten Näherung für die Breite die ellipsoidische Höhe $h = 0$ gesetzt wird.

Die ellipsoidische Breite φ kann aber auch direkt aus

$$\tan \varphi = \frac{Z + e'^2 \, b \sin^3 \vartheta}{\sqrt{X^2 + Y^2} - e^2 a \cos^3 \vartheta} \tag{3.4}$$

abgeleitet werden, wobei die Hilfsgröße ϑ aus

$$\tan \vartheta = \frac{Z \, a}{\sqrt{X^2 + Y^2} \, b} \tag{3.5}$$

folgt. Bei bekannter Breite φ folgt aus der letzten Gleichung von (3.3) unmittelbar die ellipsoidische Höhe h.

Differenziert man Gl. (3.1) und wendet die sphärische Näherung an, so erhält man für einen Punkt auf dem Ellipsoid

$$\begin{bmatrix} dX \\ dY \\ dZ \end{bmatrix} = \begin{bmatrix} -\sin \varphi \cos \lambda & -\sin \lambda & \cos \varphi \cos \lambda \\ -\sin \varphi \sin \lambda & \cos \lambda & \cos \varphi \sin \lambda \\ \cos \varphi & 0 & \sin \varphi \end{bmatrix} \begin{bmatrix} a \, d\varphi \\ a \cos \varphi \, d\lambda \\ dh \end{bmatrix} ,$$

$$\tag{3.6}$$

wobei die Formparameter des Ellipsoids festgehalten wurden. In Matrizenform kann obige Gleichung auch als

$$d\mathbf{X} = \mathbf{D} \, d\mathbf{x} \tag{3.7}$$

geschrieben werden, wobei die Vektoren

$$dX = \begin{bmatrix} dX \\ dY \\ dZ \end{bmatrix}, \quad dx = \begin{bmatrix} a\,d\varphi \\ a\cos\varphi\,d\lambda \\ dh \end{bmatrix} \tag{3.8}$$

und die Matrix

$$D = \begin{bmatrix} -\sin\varphi\cos\lambda & -\sin\lambda & \cos\varphi\cos\lambda \\ -\sin\varphi\sin\lambda & \cos\lambda & \cos\varphi\sin\lambda \\ \cos\varphi & 0 & \sin\varphi \end{bmatrix} \tag{3.9}$$

eingeführt wurden. Die Matrix D ist orthonormal, die inverse Matrix ist also gleich der transponierten Matrix. Daher lautet die zu Gl. (3.7) inverse Beziehung

$$dx = D^T dX, \tag{3.10}$$

wobei das hochgestellte T die transponierte Matrix bezeichnet. Die Komponenten von dx können auch als Änderungen von Koordinaten in der Tangentialebene und der ellipsoidischen Höhe gedeutet werden.

3.1.2   Kartesische Koordinaten und Tangentialkoordinaten

Der Vektor zwischen den Punkten P_i und P_j wird im kartesischen System durch $\Delta X_{ij} = X_j - X_i$ definiert. Dieser Vektor kann auch im lokalen Tangentialkoordinatensystem dargestellt werden, wobei die Bezeichnung Δx_{ij} eingeführt wird.

Die Achsen des Tangentialkoordinatensystems im Punkt P_i, dargestellt im kartesischen System, lauten

$$u_i = \begin{bmatrix} -\sin\varphi_i\cos\lambda_i \\ -\sin\varphi_i\sin\lambda_i \\ \cos\varphi_i \end{bmatrix}, \quad v_i = \begin{bmatrix} -\sin\lambda_i \\ \cos\lambda_i \\ 0 \end{bmatrix}, \quad w_i = \begin{bmatrix} \cos\varphi_i\cos\lambda_i \\ \cos\varphi_i\sin\lambda_i \\ \sin\varphi_i \end{bmatrix}. \tag{3.11}$$

Werden in die obigen Vektoren die astronomische Breite und Länge des Standpunktes eingeführt, bezieht sich das Tangentialkoordinatensystem auf die natürliche Lotlinie. Üblicherweise werden anstelle der astronomischen die ellipsoidischen Werte eingeführt, so daß sich das Tangentialkoordinatensystem dadurch auf das ellipsoidische Lot bezieht.

Gemäß Fig. 3.2 ergeben sich die Komponenten von Δx_{ij}, dargestellt im Tangentialkoordinatensystem des Punktes P_i, durch Projektion des Vektors

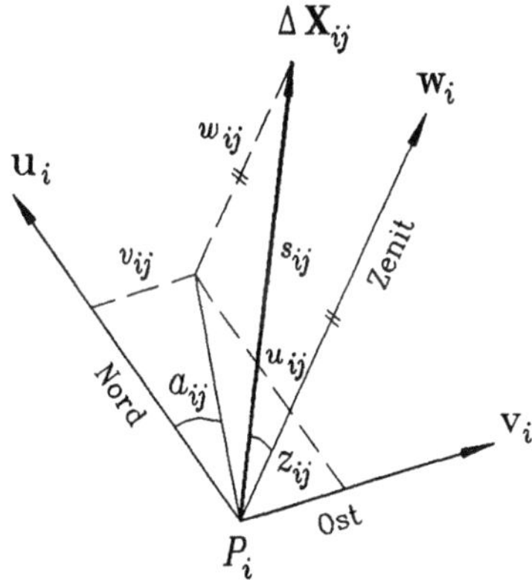

Fig. 3.2. Lokale Tangentialkoordinaten

$\Delta\mathbf{X}_{ij}$ auf die Achsen $\mathbf{u}_i, \mathbf{v}_i$ und $\mathbf{w}_i$. Analytisch wird eine solche Operation durch das skalare Vektorprodukt beschrieben, und es gilt daher

$$\Delta\mathbf{x}_{ij} = \begin{bmatrix} u_{ij} \\ v_{ij} \\ w_{ij} \end{bmatrix} = \begin{bmatrix} \mathbf{u}_i \cdot \Delta\mathbf{X}_{ij} \\ \mathbf{v}_i \cdot \Delta\mathbf{X}_{ij} \\ \mathbf{w}_i \cdot \Delta\mathbf{X}_{ij} \end{bmatrix} = \mathbf{D}_i^T \Delta\mathbf{X}_{ij}. \tag{3.12}$$

Die obige Gleichung entspricht formal Gl. (3.10), wenn man differentielle Koordinatenänderungen $d\mathbf{x}$ und $d\mathbf{X}$ durch Koordinatendifferenzen $\Delta\mathbf{x}$ und $\Delta\mathbf{X}$ ersetzt. Daher entsprechen auch die Achsen des Tangentialkoordinatensystems den Spaltenvektoren der Matrix $\mathbf{D}$ in (3.9).

Die Komponenten von $\Delta\mathbf{x}_{ij}$ können auch in Funktion der räumlichen Strecke s_{ij}, des Azimutes α_{ij} und der (refraktionskorrigierten) Zenitdistanz z_{ij} durch

$$\Delta\mathbf{x}_{ij} = \begin{bmatrix} u_{ij} \\ v_{ij} \\ w_{ij} \end{bmatrix} = \begin{bmatrix} s_{ij} \sin z_{ij} \cos \alpha_{ij} \\ s_{ij} \sin z_{ij} \sin \alpha_{ij} \\ s_{ij} \cos z_{ij} \end{bmatrix} \tag{3.13}$$

ausgedrückt werden. Die terrestrischen Meßgrößen s_{ij}, α_{ij}, z_{ij} beziehen sich wiederum auf den Standpunkt P_i. Die zu (3.13) inverse Darstellung ergibt die Meßgrößen in expliziter Form

$$s_{ij} = \sqrt{u_{ij}^2 + v_{ij}^2 + w_{ij}^2}$$

$$\tan \alpha_{ij} = \frac{v_{ij}}{u_{ij}} \tag{3.14}$$

$$\cos z_{ij} = \frac{w_{ij}}{\sqrt{u_{ij}^2 + v_{ij}^2 + w_{ij}^2}}.$$

Setzt man für u_{ij}, v_{ij} und w_{ij} (3.12) ein, dann folgen auch die Beziehungen zwischen den Meßgrößen und den Komponenten des Vektors $\Delta\mathbf{X}_{ij}$.

3.1.3 Ellipsoidische und ebene Koordinaten

Die Abbildung von Punkten des Ellipsoids in die Ebene und die Umkehrung der Abbildung gehören zu den Grundaufgaben der Landesvermessung. In Europa werden verschiedene Abbildungen verwendet, die im Detail im Anhang 2 dargestellt sind und nachfolgend nur kurz charakterisiert werden.

Gauß-Krüger-Abbildung (Transversale Mercator-Abbildung)
Die Abbildung des Ellipsoids in die Ebene erfolgt konform, also winkeltreu. Ein Meridian, der als Grundmeridian (oder Hauptmeridian) bezeichnet wird, wird längentreu in die Abszissenachse des Koordinatensystems in der Ebene abgebildet. Geometrisch kann die Gauß-Krüger-Abbildung als transversale Zylinderprojektion gedeutet werden. Weitere Details der Abbildung sowie Formeln und Zahlenbeispiele sind im Anhang A2.2 gegeben.

UTM-System
Das Prinzip des UTM-Systems ist nahezu analog zur Gauß-Krüger-Abbildung. Der einzige wesentliche Unterschied ist die Abbildung des Grundmeridians, die nicht längentreu, sondern mit dem Maßstab $m = 0.9996$ erfolgt. Weitere Details der Abbildung sowie Zahlenbeispiele sind im Anhang A2.3 gegeben.

Konforme Lambert-Abbildung
Das Ellipsoid wird konform in die Ebene abgebildet. Ein Parallelkreis des Ellipsoids, der Grundparallelkreis, wird bei der Abbildung in die Ebene längentreu abgebildet. Geometrisch kann die Lambert-Abbildung als Kegelprojektion gedeutet werden. Weitere Details der Abbildung sowie Formeln und Zahlenbeispiele sind im Anhang A2.4 gegeben.

Stereographische Abbildung
Das Ellipsoid wird konform in die Ebene abgebildet. Ein Hauptpunkt φ_0, λ_0 auf dem Ellipsoid wird bei der Abbildung der Ursprung des Koordinatensystems in der Ebene. Das Bild des Grundmeridians ist die x-Achse. Geometrisch kann die stereographische Abbildung als Azimutalprojektion gedeutet werden. Weitere Details der Abbildung sowie Formeln und Zahlenbeispiele sind im Anhang A2.5 gegeben.

Schweizer Projektionssystem (Konforme Doppelprojektion)
Das Ellipsoid wird in zwei Schritten konform in die Ebene abgebildet. Zuerst erfolgt eine konforme Abbildung des Ellipsoids auf eine Kugel, danach

wird die Kugel konform in die Ebene abgebildet (Doppelprojektion). Ein Hauptpunkt φ_0, λ_0 auf dem Ellipsoid wird bei der Abbildung der Ursprung des Koordinatensystems in der Ebene. Bei der Abbildung von der Kugel in die Ebene wird der Großkreis, der den Grundmeridian (Meridian durch den Hauptpunkt) rechtwinklig schneidet, längentreu abgebildet. Dieser Großkreis wird als Pseudoäquator bezeichnet, und man spricht auch von einem Pseudosystem mit Pseudokoordinaten. Weitere Details der Abbildung sowie Formeln und Zahlenbeispiele sind im Anhang A2.6 gegeben.

Soldner-Abbildung (Ordinatentreue Abbildung)
Diese Abbildung ist nicht konform. Ein Meridian, der als Grundmeridian bezeichnet wird, wird in die Abszissenachse des Koordinatensystems in der Ebene abgebildet. Die Abbildung der ellipsoidischen Abszissen und Ordinaten erfolgt längentreu. Weitere Details der Abbildung sowie Formeln und Zahlenbeispiele sind im Anhang A2.7 gegeben.

3.1.4 Ellipsoidische und orthometrische Höhen

Die ellipsoidische Höhe h erhält man aus der Transformation dreidimensionaler kartesischer Koordinaten in ellipsoidische Koordinaten, vgl. Abschnitt 3.1.1. In der Landesvermessung hat man meist die orthometrische Höhe H gegeben, die den Abstand des Punktes vom Geoid entlang der (gekrümmten) natürlichen Lotlinie darstellt.

Die Beziehung zwischen den beiden Höhen lautet

$$h = H + N\,, \tag{3.15}$$

wobei hier N die Geoidundulation bezeichnet (und nicht mit dem Normalkrümmungsradius verwechselt werden darf). Wie aus Fig. 3.3 ersichtlich ist, stellt die obige Gleichung eine Näherung dar, da der als Lotabweichung bezeichnete Winkel ε vernachlässigt wird. Es kann jedoch gezeigt werden, daß die Näherung für praktische Anwendungen genügend genau ist. Das

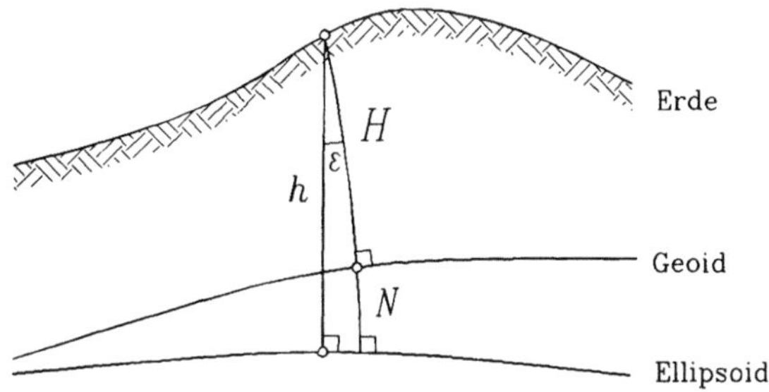

Fig. 3.3. Definition von Höhen

Geoid ist als Potentialfläche definiert, die im Bereich der Meere genähert mit der mittleren Meeresoberfläche zusammenfällt. Die durch Pegel eingemessene mittlere Meeresoberfläche stellt also die Referenz für die orthometrischen Höhen dar, wobei in Europa unter anderem die Pegel von Amsterdam, Kronstadt, Marseille und Triest verwendet werden.

Im kontinentalen Bereich (das ist die Fortsetzung der Potentialfläche unter den Kontinenten) ist das Geoid unregelmäßig und stark von der Geländetopographie abhängig. Um einen Einblick in die Größenordnungen dieser Unregelmäßigkeiten zu erhalten, sei erwähnt, daß selbst in flachen Gebieten Geoidundulationsänderungen von mehreren Zentimetern pro Kilometer auftreten können. Die Geoidundulationen sind außerdem von der Lage und der Dimension des Bezugsellipsoids abhängig. Für manche europäische Länder liegen Geoidmodelle mit Relativgenauigkeiten von 5 bis 10 cm auf 100 km vor.

3.2   Grundzüge der Ausgleichungsrechnung

In der Ausgleichungsrechnung werden prinzipiell zwei Methoden unterschieden, nämlich die Ausgleichung nach vermittelnden Beobachtungen, kurz „Vermittelnde Ausgleichung" genannt, und die Ausgleichung nach bedingten Beobachtungen. Da die vermittelnde Ausgleichung besser schematisierbar und damit leichter in Computerprogramme umzusetzen ist, wird hier nur diese behandelt.

3.2.1   Vermittelnde Ausgleichung

Eine vermittelnde Ausgleichung liegt dann vor, wenn die gesuchten Größen zwar nicht direkt gemessen werden können, aber mit meßbaren Größen in einem funktionalen Zusammenhang stehen. Dabei dürfen in jeder dieser Beziehungen beliebig viele Unbekannte auftreten, aber jeweils nur eine Meßgröße (diese aber auch mehrfach).

Zwischen den Meßgrößen m_i mit $i = 1, \ldots, n$ und den Unbekannten x_j mit $j = 1, \ldots, u$ (wobei $u < n$) besteht der funktionale Zusammenhang

$$m_i = m_i(x_1, x_2, \ldots, x_u)\,, \tag{3.16}$$

wobei in der Funktion auch konstante Größen auftreten können. Sind die funktionalen Beziehungen nichtlinear, so sind sie in eine Taylorreihe zu entwickeln, wobei die Entwicklung nach dem linearen Glied abgebrochen wird („Linearisierung"). Damit kann die Taylorreihe durch

$$m_i = (m_i) + dm_i \tag{3.17}$$

dargestellt werden. Die genäherten Funktionswerte (m_i) werden mit Hilfe von Näherungen (x_j) für die Unbekannten aus

$$(m_i) = m_i\big((x_1),(x_2),\ldots,(x_u)\big) \tag{3.18}$$

berechnet. Das totale Differential dm_i in Gl. (3.17) folgt aus

$$dm_i = \frac{\partial m_i}{\partial x_1}\,dx_1 + \frac{\partial m_i}{\partial x_2}\,dx_2 + \ldots + \frac{\partial m_i}{\partial x_u}\,dx_u\,, \tag{3.19}$$

wobei mit dx_j die gesuchten Zuschläge zu den Näherungswerten (x_j) bezeichnet sind und damit

$$x_j = (x_j) + dx_j \tag{3.20}$$

gilt. Nach Einführung von

$$\frac{\partial m_i}{\partial x_1} = a_{i1}\,, \quad \frac{\partial m_i}{\partial x_2} = a_{i2}\,, \quad \ldots, \quad \frac{\partial m_i}{\partial x_u} = a_{iu} \tag{3.21}$$

kann Gl. (3.19) auch als

$$dm_i = a_{i1}\,dx_1 + a_{i2}\,dx_2 + \ldots + a_{iu}\,dx_u \tag{3.22}$$

geschrieben werden.

Da voraussetzungsgemäß mehr Beobachtungen als Unbekannte vorliegen $(n > u)$, ist die Beziehung (3.16) im allgemeinen nicht für alle Meßgrößen konsistent. Daher müssen an die Meßgrößen m_i Verbesserungen v_i angebracht werden, und Gl. (3.16) geht in

$$m_i + v_i = m_i(x_1, x_2, \ldots, x_u) \tag{3.23}$$

über. Wird die rechte Seite obiger Gleichung nach (3.17) bis (3.22) linearisiert und die Verbesserung explizit dargestellt, erhält man die Verbesserungsgleichungen

$$v_i = a_{i1}\,dx_1 + a_{i2}\,dx_2 + \ldots + a_{iu}\,dx_u + (m_i) - m_i\,. \tag{3.24}$$

Werden die Koeffizienten a_{ij} in einer aus n Zeilen und u Spalten bestehenden Koeffizientenmatrix (Designmatrix) $\mathbf{A}$, die Verbesserungen v_i im Vektor $\mathbf{v}$, die Zuschläge für die Unbekannten dx_j im Vektor $d\mathbf{x}$ und schließlich die Absolutglieder $m_i - (m_i)$ im Vektor $\mathbf{l}$ zusammengefaßt, dann können die Verbesserungsgleichungen (3.24) auch durch die Matrizengleichung

$$\mathbf{v} = \mathbf{A}\,d\mathbf{x} - \mathbf{l} \tag{3.25}$$

ausgedrückt werden, wobei auf Dimensionsreinheit zu achten ist.

Da im allgemeinen nicht alle Meßgrößen die gleiche Genauigkeit besitzen, gehört zu jeder Meßgröße m_i auch eine a-priori Genauigkeitsaussage σ_i (mit der Dimension der entsprechenden Meßgröße), die am einfachsten aus Erfahrungswerten abgeschätzt werden kann. Aus dieser wird das Gewicht der betreffenden Meßgröße mit

$$p_i = \frac{c}{\sigma_i^2} \tag{3.26}$$

berechnet, wobei c eine dimensionslose Konstante ist, für die ein beliebiger Wert eingesetzt werden kann. Günstig ist es jedoch, hierfür das Quadrat des mittleren Fehlers einer Messung mit dem Gewicht 1 (mittlerer Fehler der Gewichtseinheit) anzunehmen, wenn dieser Wert abschätzbar ist.

Die Gewichte p_i aller Meßgrößen werden zu einer Gewichtsmatrix $\mathbf{P}$ zusammengefaßt, wobei die p_i die Diagonalglieder bilden und alle Elemente außerhalb der Diagonale Null sind:

$$\mathbf{P} = \begin{bmatrix} p_1 & & & \\ & p_2 & & \\ & & \ddots & \\ & & & p_n \end{bmatrix}. \tag{3.27}$$

Die Anwendung der Gaußschen Minimumsforderung $\mathbf{v}^T \mathbf{P}\, \mathbf{v} = \text{Minimum}$ ergibt unter Beachtung von (3.25) die Normalgleichungen

$$\mathbf{A}^T \mathbf{P}\, \mathbf{A}\, d\mathbf{x} - \mathbf{A}^T \mathbf{P}\, \mathbf{l} = \mathbf{0} \tag{3.28}$$

mit der Lösung

$$d\mathbf{x} = (\mathbf{A}^T \mathbf{P}\, \mathbf{A})^{-1} \mathbf{A}^T \mathbf{P}\, \mathbf{l} = \mathbf{Q}\, \mathbf{A}^T \mathbf{P}\, \mathbf{l}. \tag{3.29}$$

Die Matrix $\mathbf{A}^T \mathbf{P}\, \mathbf{A}$ wird als Normalgleichungsmatrix $\mathbf{N}$ und ihre Inverse als $\mathbf{Q}$-Matrix bezeichnet.

Bei n Beobachtungen und u Unbekannten wird der (dimensionslose) mittlere Fehler der Gewichtseinheit aus

$$\sigma_0 = \sqrt{\frac{\mathbf{v}^T \mathbf{P}\, \mathbf{v}}{n - u}} \tag{3.30}$$

berechnet, wobei σ_0^2 ein a-posteriori Wert für die a-priori geschätzte Konstante c in (3.26) ist.

Die mittleren Fehler der Unbekannten dx_j werden aus

$$\sigma_{x_j} = \sigma_0 \sqrt{Q_{x_j x_j}} \qquad (3.31)$$

erhalten, wobei $Q_{x_j x_j}$ das j-te Diagonalglied der $\mathbf{Q}$-Matrix ist.

Bei der vorstehenden Behandlung der vermittelnden Ausgleichung wurde stillschweigend vorausgesetzt, daß die in die Ausgleichung eingeführten Beobachtungen m_i unkorreliert, d.h. gegenseitig unabhängig, sind. Es können jedoch physikalische oder mathematische Korrelationen auftreten.

Die physikalischen Korrelationen entstehen z.B. durch die Verwendung ein und desselben nicht fehlerfreien Meßgerätes für verschiedene Meßgrößen oder durch den Einfluß der Atmosphäre, der zeitlich benachbarte Messungen in nahezu identischer Weise verfälschen kann. Bei Vorliegen vieler Daten können diese Korrelationen empirisch bestimmt werden. Zum Beispiel geht bei n unmittelbar aufeinanderfolgenden Messungen einer EDM-Strecke der Fehler des arithmetischen Mittels nicht wie für unabhängige Beobachtungen mit $\sqrt{n}$ zurück. Meist können jedoch die physikalischen Korrelationen nicht erfaßt werden.

Die mathematischen Korrelationen entstehen durch eine Vorverarbeitung der Meßwerte. Es werden also bei der Ausgleichung nicht mehr die ursprünglichen Meßgrößen, sondern daraus abgeleitete Größen verwendet. Diese Korrelationen können erfaßt und bei der weiteren Berechnung berücksichtigt werden. Bei solchen abgeleiteten, korrelierten „Beobachtungen" tritt anstelle einer nur in der Diagonale besetzten Gewichtsmatrix $\mathbf{P}$ eine voll- oder teilweise besetzte Matrix. Diese läßt sich aus der Gewichtsmatrix der ursprünglichen Beobachtungen und der Art der Vorverarbeitung bestimmen und wird dann als Varianz-Kovarianzmatrix bezeichnet. Nach Multiplikation mit dem Faktor $1/\sigma_0^2$ wird sie auch Matrix der Gewichtsreziproken ($\mathbf{Q}$-Matrix der betreffenden Größen, die mit $\mathbf{Q}_{mm}$ bezeichnet wird) genannt.

Für die Ausgleichung korrelierter Beobachtungen können die Formeln für die Ausgleichung unkorrelierter Beobachtungen übernommen werden, wenn überall die Matrix $\mathbf{P}$ durch $\mathbf{Q}_{mm}^{-1}$ und analog die Matrix $\mathbf{P}^{-1}$ durch $\mathbf{Q}_{mm}$ ersetzt wird.

3.2.2 Numerisches Beispiel

Zur Bestimmung eines Neupunktes N in der Ebene wurden von drei Festpunkten P_i ($i = 1, 2, 3$) die Strecken s_i gemessen. Die Koordinaten der Festpunkte, die Näherungskoordinaten für den Neupunkt und die Meßwerte sind nachfolgend in Metern angegeben:

Punkt	x	y	s
P_1	1487.418	3353.422	1329.784
P_2	756.106	4054.752	1532.881
P_3	98.752	3565.033	1056.498
N	421.069	2558.975	

Der funktionale Zusammenhang zwischen den gemessenen Strecken und den unbekannten Koordinaten des Neupunktes ist durch

$$s_i = \sqrt{(x - x_i)^2 + (y - y_i)^2} \tag{3.32}$$

gegeben. Die Linearisierung ergibt

$$ds_i = \frac{1}{s_i} \left[(x - x_i)\, dx + (y - y_i)\, dy \right] \tag{3.33}$$

und mit

$$\frac{x - x_i}{s_i} = \cos t_i\,, \qquad \frac{y - y_i}{s_i} = \sin t_i \tag{3.34}$$

folgt

$$ds_i = \cos t_i\, dx + \sin t_i\, dy\,. \tag{3.35}$$

Damit erhält man gemäß (3.24) die Verbesserungsgleichung

$$v_{s_i} = \cos t_i\, dx + \sin t_i\, dy + (s_i) - s_i\,, \tag{3.36}$$

wobei s_i den Meßwert bezeichnet. Daraus folgen die Designmatrix $\mathbf{A}$ (mit dimensionslosen Elementen) und der Absolutgliedvektor $\mathbf{l}$ (mit den Komponenten in Millimetern) als

$$\mathbf{A} = \begin{bmatrix} -0.8019 & -0.5974 \\ -0.2186 & -0.9758 \\ 0.3051 & -0.9523 \end{bmatrix}, \qquad \mathbf{l} = \begin{bmatrix} 29.8 \\ 41.0 \\ 69.6 \end{bmatrix}.$$

Mit der Einheitsmatrix als Gewichtsmatrix erhält man die Normalgleichungsmatrix $\mathbf{N} = \mathbf{A}^T\mathbf{A}$. Deren Inverse lautet

$$\mathbf{Q} = \begin{bmatrix} 1.4064 & -0.2550 \\ -0.2550 & 0.4975 \end{bmatrix}.$$

Daraus folgen $d\mathbf{x} = \mathbf{Q}\,\mathbf{A}^T\mathbf{P}\,\mathbf{l}$ und $\mathbf{v} = \mathbf{A}\,d\mathbf{x} - \mathbf{l}$ jeweils in Millimetern:

$$d\mathbf{x} = \begin{bmatrix} 15.3 \\ -58.8 \end{bmatrix} \qquad \mathbf{v} = \begin{bmatrix} -7.0 \\ 13.0 \\ -9.0 \end{bmatrix}.$$

Mit diesen numerischen Werten für $d\mathbf{x}$ erhält man die ausgeglichenen Koordinaten des Neupunktes N mit

$$x = 421.0843 \, \text{m} \qquad y = 2558.9162 \, \text{m}.$$

Mit den Neupunktskoordinaten und den ausgeglichenen Meßgrößen kann die Schlußkontrolle durchgeführt werden:

$s + v_s$	$s(x, y)$
1329.7770	1329.7771
1532.8940	1532.8941
1056.4890	1056.4891

Die Zehntelmillimeterangaben sind natürlich nicht sinnvoll, sondern sollen nur die Konsistenz der Berechnung zeigen.

3.2.3 Fehlerfortpflanzungsgesetz

Gegeben sei eine Funktion f der Form

$$f = f(y_1, y_2, \ldots, y_r) , \qquad (3.37)$$

die auch konstante Größen enthalten kann. Die (unkorrelierten) Größen y_i sind mit mittleren Fehlern σ_{y_i} behaftet. Gesucht ist der mittlere Fehler σ_f der Funktion. Ist die Funktion nichtlinear, so ist sie durch den Taylor-Ansatz

$$df = \frac{\partial f}{\partial y_1} \, dy_1 + \frac{\partial f}{\partial y_2} \, dy_2 + \ldots + \frac{\partial f}{\partial y_r} \, dy_r \qquad (3.38)$$

zu linearisieren. Mit $f_i = \partial f / \partial y_i$ lautet obige Gleichung

$$df = f_1 \, dy_1 + f_2 \, dy_2 + \ldots + f_r \, dy_r \qquad (3.39)$$

oder in Matrizenschreibweise

$$df = \mathbf{f}^T \, d\mathbf{y} \qquad (3.40)$$

mit

$$\begin{aligned} \mathbf{f}^T &= [f_1, f_2, \ldots, f_r] \\ d\mathbf{y} &= [dy_1, dy_2, \ldots, dy_r]^T . \end{aligned} \qquad (3.41)$$

In skalarer Schreibweise lautet das Fehlerfortpflanzungsgesetz

$$\sigma_f^2 = f_1^2 \, \sigma_{y_1}^2 + f_2^2 \, \sigma_{y_2}^2 + \ldots + f_r^2 \, \sigma_{y_r}^2 . \qquad (3.42)$$

Dies nennt man die Pythagoräische Summe. In Matrizenform lautet das Fehlerfortpflanzungsgesetz

$$\sigma_f^2 = \mathbf{f}^T \, \Sigma(y) \, \mathbf{f} \tag{3.43}$$

mit der Varianzmatrix

$$\Sigma(y) = \begin{bmatrix} \sigma_{y1}^2 & & & \\ & \sigma_{y2}^2 & & \\ & & \ddots & \\ & & & \sigma_{yr}^2 \end{bmatrix} \tag{3.44}$$

und $\mathbf{f}^T$ wie in Gl. (3.41). Üblicherweise wird aus den Varianzen σ_i^2 das Quadrat des mittleren Fehlers der Gewichtseinheit σ_0^2 herausgehoben, also

$$\sigma_i^2 = \sigma_0^2 \, Q_{ii} \,. \tag{3.45}$$

Die Gewichtsreziproken oder Gewichtskoeffizienten Q_{ii} werden zu einer Matrix $\mathbf{Q}_{ii}$ zusammengefaßt. Angewendet auf Gl. (3.43) erhält man

$$\sigma_0^2 \, Q_{ff} = \sigma_0^2 \, \mathbf{f}^T \, \mathbf{Q}_{yy} \, \mathbf{f} \tag{3.46}$$

und durch Kürzen von σ_0^2 folgt

$$Q_{ff} = \mathbf{f}^T \, \mathbf{Q}_{yy} \, \mathbf{f} \,. \tag{3.47}$$

Wird beim Gewichtsansatz einer Meßgröße in Gl. (3.26) die frei wählbare Konstante c durch σ_0^2 ersetzt, erhält man

$$p_i = \frac{\sigma_0^2}{\sigma_i^2} = \frac{1}{Q_{ii}}, \tag{3.48}$$

wobei (3.45) eingesetzt wurde. Aus dieser Beziehung erklärt sich der Name „Gewichtsreziproke" für die Elemente Q_{ii}. Werden die p_i zu einer Matrix $\mathbf{P}$ zusammenfaßt, dann folgt

$$\mathbf{Q}_{ii} = \mathbf{P}^{-1} \,. \tag{3.49}$$

Das Fehlerfortpflanzungsgesetz kann auf mehrere Funktionen gleichzeitig angewendet werden. Liegen diese linearisiert in der Form

$$\begin{aligned}
dg_1 &= g_{11} \, dy_1 + g_{12} \, dy_2 + \ldots + g_{1r} \, dy_r \\
dg_2 &= g_{21} \, dy_1 + g_{22} \, dy_2 + \ldots + g_{2r} \, dy_r \\
&\ \ \vdots \\
dg_k &= g_{k1} \, dy_1 + g_{k2} \, dy_2 + \ldots + g_{kr} \, dy_r
\end{aligned} \tag{3.50}$$

vor, folgt die Matrizendarstellung

$$dg = G^T dy \,, \tag{3.51}$$

und die Anwendung des Fehlerfortpflanzungsgesetzes, vgl. hierzu (3.40) und (3.47), ergibt

$$Q_{gg} = G^T Q_{yy} \, G \,, \tag{3.52}$$

wobei die Matrix Q_{gg} im allgemeinen voll besetzt ist. Das bedeutet, daß die Funktionen $g_1, g_2, \ldots, g_k$ untereinander korreliert sind. Den Fehler einer Funktion, beispielsweise g_i, erhält man aus

$$\sigma_{g_i} = \sigma_0 \sqrt{Q_{g_i g_i}} \,, \tag{3.53}$$

wobei $Q_{g_i g_i}$ das i-te Diagonalglied von Q_{gg} ist.

Zwei einfache Beispiele sollen die Anwendung des Fehlerfortpflanzungsgesetzes verdeutlichen.

Ein Winkel α sei als Differenz zweier unabhängiger Richtungen in der Form

$$\alpha = R_2 - R_1$$

definiert. Die funktionale Beziehung ist bereits linear, die zu (3.40) analoge Beziehung lautet daher

$$d\alpha = [-1,\, 1][dR_1,\, dR_2]^T.$$

Nach dem Fehlerfortpflanzungsgesetz folgt vorerst $Q_{\alpha\alpha} = f^T Q_{RR} f$. Im Fall gleich genauer Richtungsbeobachtungen ist Q_{RR} gleich der Einheitsmatrix, und man erhält daher $Q_{\alpha\alpha} = f^T f$. Wegen $f^T = [-1,\, 1]$ folgt $Q_{\alpha\alpha} = 2$ oder auch die bekannte Beziehung $\sigma_\alpha = \sqrt{2}\,\sigma_R$.

Werden aus drei gemessenen Richtungen R_1, R_2, R_3 zwei Winkel

$$\alpha = R_2 - R_1$$
$$\beta = R_3 - R_2$$

gebildet, dann lautet die zu (3.51) analoge Beziehung

$$\begin{bmatrix} d\alpha \\ d\beta \end{bmatrix} = \begin{bmatrix} -1 & 1 & 0 \\ 0 & -1 & 1 \end{bmatrix} \begin{bmatrix} dR_1 \\ dR_2 \\ dR_3 \end{bmatrix}.$$

Unter der Annahme gleich genau gemessener Richtungen ergibt sich daher nach dem Fehlerfortpflanzungsgesetz die Matrix

$$\mathbf{Q}_{gg} = \left[\begin{array}{cc} Q_{\alpha\alpha} & Q_{\alpha\beta} \\ Q_{\alpha\beta} & Q_{\beta\beta} \end{array} \right] = \left[\begin{array}{cc} 2 & -1 \\ -1 & 2 \end{array} \right].$$

Da in beiden Winkeln α und β die Richtung R_2 auftritt, sind sie nicht mehr gegenseitig unabhängig. Dies sieht man auch daran, daß das Glied $Q_{\alpha\beta} \neq 0$ ist.

3.3   Geodätisches Datum

3.3.1   Definition

Das Geodätische Datum legt die Lage eines lokalen dreidimensionalen kartesischen Koordinatensystems bezüglich eines globalen Systems fest. Hierfür werden im allgemeinen sieben Parameter benötigt, nämlich die drei Komponenten c_1, c_2, c_3 eines Verschiebungsvektors $\mathbf{c}$, die drei Parameter α_1, α_2, α_3 einer räumlichen Drehmatrix $\mathbf{R}$ und ein Maßstabsfaktor μ.

Die den klassischen Landesvermessungen zugeordneten Koordinatensysteme sind im allgemeinen lokale Systeme. Theoretisch sind diese gegenüber dem globalen System nur verschoben, so daß sich die Anzahl der Datumsparameter auf die drei Komponenten des Verschiebungsvektors $\mathbf{c}$ reduziert. Praktisch ist diese Annahme jedoch nur bei geringen Genauigkeitsanforderungen, etwa im Bereich einiger Meter, gültig.

Die Verschiebungen c_i des Geozentrums gegenüber dem Österreichischen Datum (MGI[1]), dem Europäischen Datum (ED-87) und dem Nordamerikanischen Datum (NAD-83) sind in Tabelle 3.1 angegeben. Aus der Tabelle kann abgelesen werden, daß das Nordamerikanische Datum geozentrisch ist.

Verwendet man als Bezugsfläche ein Ellipsoid, das heißt, die Koordinaten der Raumpunkte werden auf ein Ellipsoid mit dem Zentrum im Ursprung des jeweiligen kartesischen Systems bezogen, so treten zwei Formparameter für das Ellipsoid als Datumsparameter hinzu. Hierfür werden üblicherweise die beiden Halbachsen a, b oder die große Halbachse a und die Abplattung $f = (a - b)/a$ gewählt.

In Tabelle 3.1 sind auch jene Ellipsoide angegeben, die dem jeweiligen Datum zugeordnet sind. Die numerischen Werte für die Formparameter dieser und weiterer Ellipsoide sind im Anhang 1 angeführt. Besonders hingewiesen wird dabei auf den Unterschied in der Definition des dem World

---

[1]Das Akronym MGI steht für das ehemalige Militärgeographische Institut, das im vorigen Jahrhundert das Österreichische Datum definiert hat.

Tabelle 3.1. Datumsdefinitionen

Datum	$c_1\,[\mathrm{m}]$	$c_2\,[\mathrm{m}]$	$c_3\,[\mathrm{m}]$	Ellipsoid
MGI	−586	−89	−468	Bessel
ED-87	−83	−97	−116	Hayford
NAD-83	0	0	0	GRS-80

Geodetic Systems 1984 (WGS-84) zugeordneten Ellipsoids gegenüber jenem des Geodätischen Referenzsystems 1980 (GRS-80).

3.3.2 Transformation des Datums

Eine Transformation des Datums bedeutet definitionsgemäß die Transformation eines räumlichen kartesischen Koordinatensystems in ein anderes mittels räumlicher Drehstreckung. Diese Transformation (auch dreidimensionale Ähnlichkeits- oder Helmert-Transformation genannt) wird, wie bereits erwähnt, durch sieben Parameter beschrieben. Es sind dies die drei Komponenten des Verschiebungsvektors, die drei Drehwinkel um die drei Koordinatenachsen sowie der Maßstabsfaktor, vgl. hierzu auch Fig. 3.4.

In den klassischen Landesvermessungen wurde die Lageaufnahme getrennt von der Höhenaufnahme durchgeführt. Analog dazu wurde auch das Geodätische Datum in ein Lagedatum und ein Höhendatum unterteilt. Eine Transformation des Lagedatums erfolgt im System von Koordinaten in der Ebene durch eine zweidimensionale Ähnlichkeitstransformation. Diese ist durch vier Parameter, nämlich die zwei Komponenten des Verschiebungs-

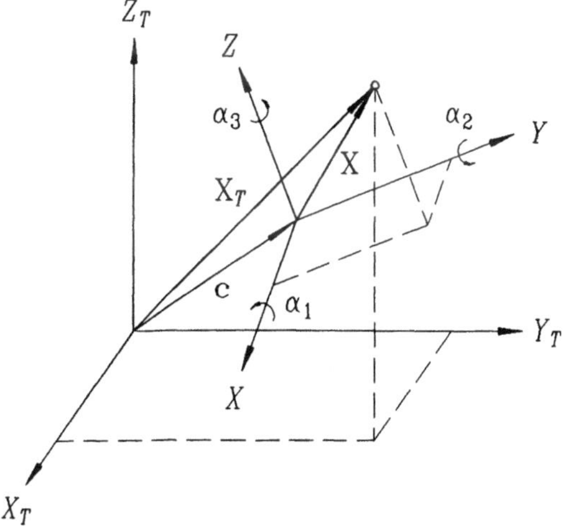

Fig. 3.4. Dreidimensionale Ähnlichkeitstransformation

vektors, den Drehwinkel und den Maßstab bestimmt. Eine Transformation des Höhendatums wird durch drei Parameter, nämlich eine Verschiebung und zwei Drehungen, definiert.

Dreidimensionales Datum

Der Ortsvektor eines Raumpunktes sei im beweglichen Ausgangssystem mit $\mathbf{X}$ und im festen Zielsystem mit $\mathbf{X}_T$ bezeichnet, vgl. Fig. 3.4. Die Ähnlichkeitstransformation zwischen den beiden Systemen wird durch die Beziehung

$$\mathbf{X}_T = \mathbf{c} + \mu\,\mathbf{R}\,\mathbf{X} \tag{3.54}$$

beschrieben. Mit μ ist der Maßstabsfaktor bezeichnet, $\mathbf{c}$ ist der Verschiebungsvektor

$$\mathbf{c} = \begin{bmatrix} c_1 \\ c_2 \\ c_3 \end{bmatrix}, \tag{3.55}$$

und $\mathbf{R}$ ist eine Drehmatrix. Diese setzt sich aus drei sukzessiven Drehungen um die drei Achsen des Ausgangssystems zusammen. Mit den Drehwinkeln $\alpha_1,\alpha_2,\alpha_3$ lautet sie allgemein:

$$\mathbf{R} = \begin{bmatrix} \cos\alpha_2\cos\alpha_3 & \cos\alpha_1\sin\alpha_3 + \sin\alpha_1\sin\alpha_2\cos\alpha_3 & \sin\alpha_1\sin\alpha_3 - \cos\alpha_1\sin\alpha_2\cos\alpha_3 \\ -\cos\alpha_2\sin\alpha_3 & \cos\alpha_1\cos\alpha_3 - \sin\alpha_1\sin\alpha_2\sin\alpha_3 & \sin\alpha_1\cos\alpha_3 + \cos\alpha_1\sin\alpha_2\sin\alpha_3 \\ \sin\alpha_2 & -\sin\alpha_1\cos\alpha_2 & \cos\alpha_1\cos\alpha_2 \end{bmatrix}.$$

$$\tag{3.56}$$

Im Fall von bekannten Parametern $\mu,\mathbf{c},\mathbf{R}$ kann mit Gl. (3.54) ein Raumpunkt, der im Ausgangssystem durch den Vektor $\mathbf{X}$ gegeben ist, im Zielsystem durch den Vektor $\mathbf{X}_T$ dargestellt werden.

Sind die Transformationsparameter nicht bekannt, so sind sie mit Hilfe von Paßpunkten, das sind in beiden Systemen vorliegende identische Punkte, zu bestimmen. Für die Paßpunkte sind also sowohl $\mathbf{X}$ als auch $\mathbf{X}_T$ bekannt. Setzt man die Paßpunkte in (3.54) ein, so erhält man für jeden Paßpunkt drei skalare Gleichungen. Es werden daher mindestens zwei Vollpaßpunkte und eine weitere identische Komponente benötigt, um die sieben Unbekannten der Transformation bestimmen zu können. Liegen darüber hinaus weitere skalare Gleichungen vor, muß eine Ausgleichung durchgeführt werden.

Für die Ausgleichung ist Gl. (3.54) zu linearisieren, wobei Näherungswerte für die unbekannten Parameter benötigt werden. Dabei ist zu beachten, daß im Fall der Transformation von GPS-Koordinaten in ein Landessystem der Maßstabsfaktor immer näherungsweise gleich 1 ist und somit

$$\mu = 1 + d\mu \tag{3.57}$$

gesetzt werden kann. Weiters sind die Drehwinkel α_i klein und werden daher in der Folge als differentielle Größen $d\alpha_i$ betrachtet. Damit können in Gl. (3.56) $\cos\alpha_i = 1$ bzw. $\sin\alpha_i = d\alpha_i$ gesetzt und Terme, die klein zweiter und dritter Ordnung sind, vernachlässigt werden. Mit diesen Vereinfachungen geht die Drehmatrix $\mathbf{R}$ über in

$$\mathbf{R} = \begin{bmatrix} 1 & d\alpha_3 & -d\alpha_2 \\ -d\alpha_3 & 1 & d\alpha_1 \\ d\alpha_2 & -d\alpha_1 & 1 \end{bmatrix} = \mathbf{I} + d\mathbf{A}\,, \tag{3.58}$$

wobei $\mathbf{I}$ die Einheitsmatrix und $d\mathbf{A}$ eine als Axiator bezeichnete differentielle schiefsymmetrische Matrix bedeuten. Als Näherungswert für die Drehmatrix kann daher die Einheitsmatrix eingesetzt werden.

Auch der Verschiebungsvektor wird in einen Näherungswert $(\mathbf{c})$ und einen Zuschlag $d\mathbf{c}$ aufgespaltet, also

$$\mathbf{c} = (\mathbf{c}) + d\mathbf{c}\,, \tag{3.59}$$

wobei sich $(\mathbf{c})$ nach Einsetzen der Näherungen $(\mu) = 1$ und $(\mathbf{R}) = \mathbf{I}$ aus der nun für einen beliebigen Paßpunkt P angesetzten Gl. (3.54) als

$$(\mathbf{c}) = \mathbf{X}_T - \mathbf{X}\,. \tag{3.60}$$

ergibt. Werden die Gln. (3.57), (3.58) und (3.59) in Gl. (3.54) eingesetzt, erhält man

$$\mathbf{X}_{T_i} = (\mathbf{c}) + d\mathbf{c} + (1 + d\mu)(\mathbf{I} + d\mathbf{A})\mathbf{X}_i\,, \tag{3.61}$$

wobei das Subskript i die einzelnen Paßpunkte P_i bezeichnet. Die Ausmultiplikation führt zu

$$\mathbf{X}_{T_i} = (\mathbf{c}) + d\mathbf{c} + \mathbf{X}_i + d\mu\,\mathbf{X}_i + d\mathbf{A}\,\mathbf{X}_i\,, \tag{3.62}$$

wenn der Term $d\mu\,d\mathbf{A}\,\mathbf{X}_i$, der klein zweiter Ordnung ist, vernachlässigt wird. Dieses Gleichungssystem ist linear in den Unbekannten $d\mathbf{c}$, $d\mu$, $d\mathbf{A}$. Den Ausdruck $d\mathbf{c} + d\mu\,\mathbf{X}_i + d\mathbf{A}\,\mathbf{X}_i$ kann man als Produkt einer Koeffizienten- oder Designmatrix $\mathbf{U}_i$ mit einem Vektor der Unbekannten $d\mathbf{u}$ darstellen, also

$$\mathbf{X}_{T_i} = \mathbf{U}_i\,d\mathbf{u} + \mathbf{X}_i + (\mathbf{c})\,, \tag{3.63}$$

wenn man

$$du = [dc_1 \,, dc_2 \,, dc_3 \,, d\mu \,, d\alpha_1 \,, d\alpha_2 \,, d\alpha_3]^T \tag{3.64}$$

und

$$\mathbf{U}_i = \begin{bmatrix} 1 & 0 & 0 & X_i & 0 & -Z_i & Y_i \\ 0 & 1 & 0 & Y_i & Z_i & 0 & -X_i \\ 0 & 0 & 1 & Z_i & -Y_i & X_i & 0 \end{bmatrix} \tag{3.65}$$

einführt (Beweis durch Ausmultiplikation).

Für die Bestimmung der sieben unbekannten Transformationsparameter in du sind, wie bereits erwähnt, zwei Vollpaßpunkte und eine identische Koordinate eines weiteren Paßpunktes nötig. Im Fall von drei oder mehr gegebenen Paßpunkten wird das System im allgemeinen nicht konsistent erfüllt sein. Die aus der Transformationsgleichung (3.63) berechenbaren Werte $\mathbf{X}_{T_i}$ entsprechen nicht den vorgegebenen Werten (das heißt, den gegebenen Koordinaten der Paßpunkte im Zielsystem), sondern es treten Klaffungen auf, die formal auch als Verbesserungen interpretiert werden können. Ergänzt man (3.63) mit diesen Klaffungen und löst nach den Verbesserungen auf, so folgt

$$\mathbf{v}_i = \mathbf{U}_i \, du + \mathbf{X}_i + (\mathbf{c}) - \mathbf{X}_{T_i} \,, \tag{3.66}$$

beziehungsweise

$$\mathbf{v}_i = \mathbf{U}_i \, du - \mathbf{l}_i \tag{3.67}$$

mit

$$\mathbf{l}_i = -\mathbf{X}_i - (\mathbf{c}) + \mathbf{X}_{T_i} \,. \tag{3.68}$$

Die Matrix $\mathbf{U}_i$ in Gl. (3.65) und der Vektor $\mathbf{l}_i$ in (3.68) wurden nur für einen Paßpunkt P_i angeschrieben. Liegen n Paßpunkte vor, so lauten der Vektor $\mathbf{v}$, die Matrix $\mathbf{U}$ und der Vektor $\mathbf{l}$ für das Gesamtsystem

$$\mathbf{v} = \begin{bmatrix} \mathbf{v}_1 \\ \mathbf{v}_2 \\ \vdots \\ \mathbf{v}_n \end{bmatrix}, \quad \mathbf{U} = \begin{bmatrix} \mathbf{U}_1 \\ \mathbf{U}_2 \\ \vdots \\ \mathbf{U}_n \end{bmatrix}, \quad \mathbf{l} = \begin{bmatrix} \mathbf{l}_1 \\ \mathbf{l}_2 \\ \vdots \\ \mathbf{l}_n \end{bmatrix}. \tag{3.69}$$

Im Fall von drei Vollpaßpunkten liegt eine geringfügige Überbestimmung vor und man erhält die Matrix

$$
\mathbf{U} =
\begin{bmatrix}
1 & 0 & 0 & X_1 & 0 & -Z_1 & Y_1 \\
0 & 1 & 0 & Y_1 & Z_1 & 0 & -X_1 \\
0 & 0 & 1 & Z_1 & -Y_1 & X_1 & 0 \\
1 & 0 & 0 & X_2 & 0 & -Z_2 & Y_2 \\
0 & 1 & 0 & Y_2 & Z_2 & 0 & -X_2 \\
0 & 0 & 1 & Z_2 & -Y_2 & X_2 & 0 \\
1 & 0 & 0 & X_3 & 0 & -Z_3 & Y_3 \\
0 & 1 & 0 & Y_3 & Z_3 & 0 & -X_3 \\
0 & 0 & 1 & Z_3 & -Y_3 & X_3 & 0
\end{bmatrix}
\tag{3.70}
$$

und den Vektor

$$
\mathbf{l} =
\begin{bmatrix}
-X_1 - (c_1) + X_{T_1} \\
-Y_1 - (c_2) + Y_{T_1} \\
-Z_1 - (c_3) + Z_{T_1} \\
-X_2 - (c_1) + X_{T_2} \\
-Y_2 - (c_2) + Y_{T_2} \\
-Z_2 - (c_3) + Z_{T_2} \\
-X_3 - (c_1) + X_{T_3} \\
-Y_3 - (c_2) + Y_{T_3} \\
-Z_3 - (c_3) + Z_{T_3}
\end{bmatrix} .
\tag{3.71}
$$

Die weitere Vorgangsweise ist im Abschnitt 3.2.1 beschrieben, wobei der Designmatrix $\mathbf{A}$ hier $\mathbf{U}$ und dem Unbekanntenvektor $d\mathbf{x}$ nun $d\mathbf{u}$ entspricht.

Sind die Paßpunkte in einem kleinen Gebiet (in Relation zur Größe der Erde) verteilt, unterscheiden sich die Elemente der Koeffizientenmatrix für die dreidimensionale Ähnlichkeitstransformation erst ab der vierten oder fünften Ziffer. Dies führt zu einem numerisch schlecht bestimmten Normalgleichungssystem. Daher werden in der Beziehung

$$
\mathbf{X}_T = \mathbf{c} + \mu\, \mathbf{R}\, \mathbf{X}
\tag{3.72}
$$

von den Koordinaten $\mathbf{X}_T$ bzw. $\mathbf{X}$ die Werte für jeweils einen Bezugspunkt $\mathbf{X}_{T_0}$ bzw. $\mathbf{X}_0$ subtrahiert. Bezeichnet man diese Differenzen mit dem Index r (relativ zum Bezugspunkt), also

$$
\mathbf{X}_{T_r} = \mathbf{X}_T - \mathbf{X}_{T_0}, \qquad \mathbf{X}_r = \mathbf{X} - \mathbf{X}_0,
\tag{3.73}
$$

dann geht (3.72) in

$$
\mathbf{X}_{T_r} = \mathbf{c}_r + \mu\, \mathbf{R}\, \mathbf{X}_r
\tag{3.74}
$$

Tabelle 3.2. Parameter zur Transformation
von WGS-84 in das Datum MGI

Parameter	Wert		
c_1	-586	$\pm$	$3\,\mathrm{m}$
c_2	-89	$\pm$	$3\,\mathrm{m}$
c_3	-468	$\pm$	$3\,\mathrm{m}$
α_1	5.1	$\pm$	$0.1''$
α_2	1.4	$\pm$	$0.1''$
α_3	5.4	$\pm$	$0.1''$
$d\mu$	-1.1	$\pm$	$0.3\,\mathrm{ppm}$

über, wobei

$$\mathbf{c}_r = \mathbf{c} + \mu\,\mathbf{R}\,\mathbf{X}_0 - \mathbf{X}_{T_0} \tag{3.75}$$

ist.

Im Prinzip kann man in jedem der beiden Systeme einen beliebigen
Bezugspunkt wählen. Werden in beiden Systemen einander entsprechende
Punkte als Bezugspunkte gewählt, dann ist a-priori der Verschiebungsvektor
$\mathbf{c}_r = \mathbf{0}$ und braucht gar nicht angesetzt zu werden. Diese Methodik führt daher zu einer Reduktion der Dimension der Normalgleichungen. Eine optimale
Wahl für die Bezugspunkte ist der jeweilige Schwerpunkt der Paßpunkte in
den beiden Systemen. Ein numerisches Beispiel ist im Abschnitt 3.5.1 enthalten.

Um einen Einblick in die Größenordnung der Parameter einer dreidimensionalen Datumstransformation zu erhalten, sind in Tabelle 3.2 Zahlenwerte
für die Transformation vom geozentrischen WGS-84 in das Österreichische
Datum MGI angegeben. Aus der Tabelle ist ersichtlich, daß die einzelnen Parameter große mittlere Fehler aufweisen. Dies ist darin begründet, daß aus
einem kleinen Gebiet wie Österreich globale Parameter abgeleitet wurden
und die eingeführten Landeskoordinaten zwar kleinräumig eine gute Nach-
barschaftsgenauigkeit aufweisen, aber großräumig Spannungen von mehreren
Metern vorhanden sind.

Lagedatum

Im Fall des Lagedatums werden in der Ebene die zweidimensionalen Ortsvektoren mit $\mathbf{x}_T$ und $\mathbf{x}$ bezeichnet. Die zweidimensionale Ähnlichkeitstransformation wird durch die Beziehung

$$\mathbf{x}_T = \mathbf{c} + \mu\,\mathbf{R}\,\mathbf{x} \tag{3.76}$$

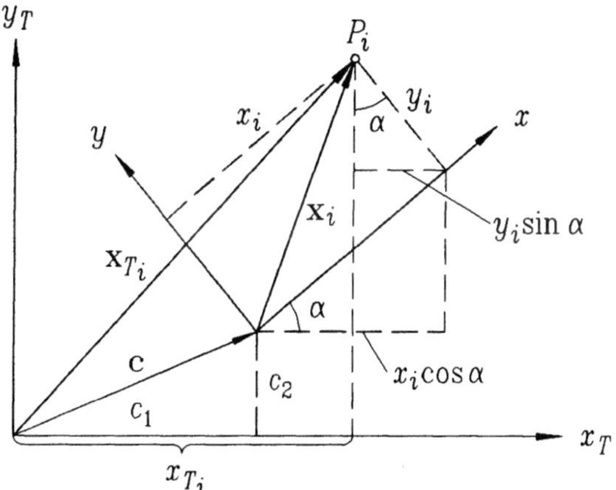

Fig. 3.5. Zweidimensionale Ähnlichkeitstransformation

beschrieben. Mit μ ist wiederum der Maßstabsfaktor bezeichnet, $\mathbf{c}$ ist jetzt der zweidimensionale Verschiebungsvektor

$$\mathbf{c} = \begin{bmatrix} c_1 \\ c_2 \end{bmatrix}, \tag{3.77}$$

und $\mathbf{R}$ stellt eine nur einparametrige Drehmatrix dar:

$$\mathbf{R} = \begin{bmatrix} \cos\alpha & -\sin\alpha \\ \sin\alpha & \cos\alpha \end{bmatrix}. \tag{3.78}$$

Gleichung (3.76) enthält die vier unbekannten Parameter μ, c_1, c_2, α. Diese können durch Verwendung von mindestens zwei Paßpunkten bestimmt werden. Jeder Paßpunkt P_i gibt nämlich Anlaß zu zwei skalaren Gleichungen

$$\begin{aligned} x_{T_i} &= c_1 + x_i\,\mu\,\cos\alpha - y_i\,\mu\,\sin\alpha \\ y_{T_i} &= c_2 + x_i\,\mu\,\sin\alpha + y_i\,\mu\,\cos\alpha\,, \end{aligned} \tag{3.79}$$

die auch aus Fig. 3.5 abgelesen werden können. In diesen beiden Gleichungen treten die Unbekannten in nichtlinearer Form auf. Werden jedoch die Hilfsunbekannten

$$\begin{aligned} p &= \mu\,\cos\alpha \\ q &= \mu\,\sin\alpha \end{aligned} \tag{3.80}$$

eingeführt, ergeben sich die linearen Beziehungen

$$\begin{aligned} x_{T_i} &= c_1 + x_i p - y_i q \\ y_{T_i} &= c_2 + y_i p + x_i q\,. \end{aligned} \tag{3.81}$$

Für Paßpunkte sind sowohl x_{T_i} und y_{T_i} als auch x_i und y_i gegeben. Für
die Bestimmung der vier unbekannten Transformationsparameter sind also,
wie bereits erwähnt, zwei Paßpunkte nötig. Im Fall von mehr als zwei gegebenen Paßpunkten wird das System im allgemeinen nicht konsistent erfüllt
sein. Die aus der Transformationsgleichung (3.81) berechenbaren Werte x_{T_i}
und y_{T_i} entsprechen nicht den vorgegebenen Werten (das heißt, den gegebenen Koordinaten der Paßpunkte im Zielsystem), sondern es treten Klaffungen auf, die formal auch als Verbesserungen interpretiert werden können.
Ergänzt man (3.81) mit diesen Klaffungen und löst nach den Verbesserungen
auf, so folgt

$$
\begin{aligned}
v_{x_{T_i}} &= c_1 + x_i\, p - y_i\, q - x_{T_i} \\
v_{y_{T_i}} &= c_2 + y_i\, p + x_i\, q - y_{T_i}\,.
\end{aligned}
\tag{3.82}
$$

In Matrizenschreibweise lautet die Gleichung

$$
\mathbf{v}_i = \mathbf{A}_i\, d\mathbf{u} - \mathbf{l}_i
\tag{3.83}
$$

mit

$$
\mathbf{v}_i = \begin{bmatrix} v_{x_{T_i}} \\ v_{y_{T_i}} \end{bmatrix}, \qquad
\mathbf{A}_i = \begin{bmatrix} 1 & 0 & x_i & -y_i \\ 0 & 1 & y_i & x_i \end{bmatrix},
$$
$$
\mathbf{l}_i = \begin{bmatrix} x_{T_i} \\ y_{T_i} \end{bmatrix}, \qquad
d\mathbf{u} = [c_1,\, c_2,\, p,\, q]^T\,.
\tag{3.84}
$$

Gleichung (3.83) gilt nur für einen Paßpunkt P_i. Das Gesamtsystem ist analog zum dreidimensionalen Fall aus den Matrizen und Vektoren der einzelnen
Punkte zusammenzusetzen.

Aus numerischen Gründen ist wie im dreidimensionalen Fall eine Reduktion der Koordinaten auf den jeweiligen Schwerpunkt empfehlenswert. Ein
numerisches Beispiel ist im Abschnitt 3.5.2 enthalten.

Höhendatum

Liegt ein Geoidmodell mit genügender Genauigkeit vor, dann kann die Transformation der Höhen direkt mit $H_i = h_i - N_i$ durchgeführt werden. Liegen jedoch nur in den Höhenpaßpunkten die Geoidundulationen vor, dann
können die aus GPS-Messungen resultierenden ellipsoidischen Höhen h in
folgender Weise in orthometrische Höhen H übergeführt werden. Zur Ab-
leitung der Transformationsbeziehung wird von der dritten Komponente der
Vektorgleichung (3.63), also

$$
Z_{T_i} = Z_i + c_3 + Z_i\, d\mu - Y_i\, d\alpha_1 + X_i\, d\alpha_2\,,
\tag{3.85}
$$

ausgegangen. Diese Gleichung bezieht sich auf ein globales kartesisches System. Eine zu (3.85) analoge Gleichung, die sich auf ein lokales System bezieht, kann in der Form

$$H_i = h_i + \Delta h - y_i\, d\alpha_1 + x_i\, d\alpha_2 \qquad (3.86)$$

geschrieben werden, wobei auf den Ansatz eines eigenen Höhenmaßstabes verzichtet wurde. Als Unbekannte treten die Höhenverschiebung Δh (anstelle von c_3) und die beiden Drehwinkel $d\alpha_1$ und $d\alpha_2$, die nun Drehungen um die Achsen des lokalen Koordinatensystems in der Ebene beschreiben, auf. Mit x_i und y_i sind die lokalen Lagekoordinaten der Höhenpaßpunkte bezeichnet. Näherungswerte hierfür können entweder aus den GPS-Koordinaten gewonnen oder einfach aus Karten abgegriffen werden. Geometrisch kann die Höhenverschiebung als negativer Wert der Undulation N im Koordinatenursprung gedeutet werden, vgl. (3.15), und die Drehwinkel (Kippungen um die Koordinatenachsen) verursachen Änderungen der Undulation entlang den Koordinatenachsen.

Da jeder Paßpunkt eine skalare Gleichung liefert, werden zur Bestimmung dieser Parameter mindestens drei Höhenpaßpunkte benötigt. Liegen mehr Höhenpaßpunkte vor, so wird das System im allgemeinen nicht konsistent erfüllt sein. Daher müssen Verbesserungen angebracht und eine Ausgleichung durchgeführt werden. Unter der Berücksichtigung von Verbesserungen geht (3.86) über in

$$H_i = h_i + \Delta h - y_i\, d\alpha_1 + x_i\, d\alpha_2 + v_i \qquad (3.87)$$

beziehungsweise

$$v_i = -\Delta h + y_i\, d\alpha_1 - x_i\, d\alpha_2 - h_i + H_i\,. \qquad (3.88)$$

Die Gesamtheit der Verbesserungsgleichungen führt zu einem System der Form $\mathbf{v} = \mathbf{A}\, d\mathbf{u} - \mathbf{l}$. Aus rechentechnischen Gründen wird empfohlen, die Höhen auf den jeweiligen Mittelwert zu reduzieren. Ein numerisches Beispiel ist im Abschnitt 3.5.3 enthalten.

3.4 Netzbildung

Aus der simultanen Messung auf zwei Stationen läßt sich der Basisvektor zwischen den beiden Stationen berechnen, wobei dieser als Komponenten die Koordinatenunterschiede ΔX, ΔY, ΔZ im WGS-84 enthält. Wie bereits im Abschnitt 2.4.2 erwähnt, sind hierfür die Koordinaten einer Station im WGS-84 vorzugeben. Dabei führt ein Punktlagefehler von 20 m zu ei-

nem Maßstabsfehler in der Größenordnung von 1 ppm. Tritt der gleiche
Maßstabsfehler in mehreren, auch Basislinien genannten, Basisvektoren auf
und erfolgt eine Transformation der Basislinien in das Landessystem, spielt
dies keine Rolle. Der Maßstabsfehler wird nämlich durch eine Helmert-
Transformation (vgl. Abschnitt 3.3.2) eliminiert. Um einen einheitlichen
Maßstab für alle Basislinien zu erhalten, dürfen allerdings nur die GPS-
Koordinaten des Referenzpunktes *einer* Basislinie vorgegeben werden. Die
Referenzpunkte für die anderen Basislinien sind aus diesem Referenzpunkt
abzuleiten. Im Fall einer nachfolgenden Transformation in das Landessy-
stem können hierfür auch die Koordinaten der Navigationslösung genom-
men werden, ansonsten sind sie (genähert) aus den Landeskoordinaten des
Referenzpunktes zu berechnen.

3.4.1 Korrelationen

Die physikalischen Korrelationen bei Beobachtung einer Basislinie resultieren aus dem Einfluß der Atmosphäre und aus der Verwendung derselben
Satelliten in beiden Stationen. Diese Korrelationen werden jedoch stets vernachlässigt.

Die mathematischen Korrelationen entstehen durch die Vorbehandlung
der Meßgrößen in Form von Differenzbildungen zur Elimination systematischer Fehleranteile. Diese Korrelationen werden teilweise in den Program-
men für die Auswertung berücksichtigt und hier nicht weiter behandelt. Mathematische Korrelationen treten jedoch auch in den berechneten Basislinien
auf, wobei zwischen der Auswertung in Form von einzelnen Basislinien oder
in Form von Mehrpunktlösungen (Single Baseline Solution oder Multipoint
Solution) unterschieden werden muß.

Bei der Auswertung einzelner Basislinien ergeben sich Korrelationen zwischen den drei Komponenten ΔX, ΔY, ΔZ der Basislinie. Diese Korrelationen werden in den Protokollen der Auswertung angegeben.

Bei simultaner Verwendung von mehr als zwei GPS-Empfängern können
mehrere Basislinien gleichzeitig bestimmt werden. Werden diese Basislinien einzeln ausgewertet, so werden ihre gegenseitigen Korrelationen nicht
bestimmt. Die Berücksichtigung der Korrelationen erfolgt in den Mehrpunktlösungen durch eine gemeinsame Auswertung aller Basislinien. Als
Ergebnis erhält man bei n Empfängern einen Satz von $n-1$ Basislinien mit
den zugehörigen Fehlerinformationen und Korrelationen, wobei eine Station
als Referenzstation verwendet wird. Diese Berechnungsmöglichkeit bietet
allerdings nur komplexere GPS-Software für die Auswertung an.

3.4.2 Ausgleichung

Bei der Beobachtung eines Netzes wird im allgemeinen nicht nur die absolut nötige Anzahl von Basisvektoren gemessen, sondern es werden – wie auch sonst in der Geodäsie üblich – Überbestimmungen vorgesehen. Die Bestimmung der Koordinaten der Netzpunkte muß dann durch eine Ausgleichung erfolgen.

Als Meßgrößen in die vermittelnde Ausgleichung werden die Basisvektoren $\Delta\mathbf{X}_{ij}$ zwischen den Punkten $\mathbf{X}_j$ und $\mathbf{X}_i$, welche die Unbekannten darstellen, eingeführt. Die funktionale Beziehung lautet daher

$$\Delta\mathbf{X}_{ij} = \mathbf{X}_j - \mathbf{X}_i \tag{3.89}$$

und ist bereits linear. Die Koeffizienten bezüglich der Unbekannten sind alle 0, $+1$ oder -1, und die zugehörige Verbesserungsgleichung lautet gemäß Abschnitt 3.2.1

$$\Delta\mathbf{X}_{ij} + \mathbf{v}_{ij} = (\mathbf{X}_j) - (\mathbf{X}_i) + d\mathbf{X}_j - d\mathbf{X}_i \tag{3.90}$$

oder nach Umstellung und Einführung von $(\Delta\mathbf{X}_{ij}) = (\mathbf{X}_j) - (\mathbf{X}_i)$ auch

$$\mathbf{v}_{ij} = d\mathbf{X}_j - d\mathbf{X}_i + (\Delta\mathbf{X}_{ij}) - \Delta\mathbf{X}_{ij} \, . \tag{3.91}$$

Die obige Vektorgleichung steht für drei skalare Gleichungen:

$$\begin{aligned}
v_{\Delta X_{ij}} &= dX_j - dX_i + (\Delta X_{ij}) - \Delta X_{ij} \\
v_{\Delta Y_{ij}} &= dY_j - dY_i + (\Delta Y_{ij}) - \Delta Y_{ij} \\
v_{\Delta Z_{ij}} &= dZ_j - dZ_i + (\Delta Z_{ij}) - \Delta Z_{ij} \, .
\end{aligned} \tag{3.92}$$

Als „Beobachtungen" gelten die Komponenten ΔX_{ij}, ΔY_{ij}, ΔZ_{ij} des Basisvektors. Die Werte (ΔX_{ij}), (ΔY_{ij}), (ΔZ_{ij}) werden aus Näherungskoordinaten berechnet. Die Verbesserungsgleichungen für alle Basislinien werden in der Matrizengleichung

$$\mathbf{v} = \mathbf{A}\, d\mathbf{X} - \mathbf{l} \tag{3.93}$$

zusammengefaßt, wobei der Vektor $d\mathbf{X}$ die Koordinatenzuschläge und der Absolutgliedvektor $\mathbf{l}$ die Differenzen $\Delta\mathbf{X}_{ij} - (\Delta\mathbf{X}_{ij})$ für alle Basislinien enthält.

Werden für alle Punkte eines Netzes Koordinatenzuschläge angesetzt, dann wird die Normalgleichungsmatrix singulär, da sich absolute Koordinaten aus Koordinatenunterschieden allein nicht ableiten lassen. Im allgemeinsten Fall kann der Rangdefekt bei einem räumlichen Netz bis zu sieben betragen und entspricht den sieben Freiheitsgraden eines dreidimensionalen Netzes oder den sieben Parametern einer räumlichen Helmert-Transformation (drei Verschiebungen, drei Drehungen und ein Maßstabsfaktor). Bei der relativen Punktbestimmung bilden die Basisvektoren ein System ähnlich einem Fachwerk, das zwar durch die im WGS-84 vorliegenden Satellitenbahnen in seiner Form, Größe und Orientierung festgelegt ist, aber als ganzes noch im Raum verschoben werden kann. Daher sind vier Parameter (Maßstab und drei Drehungen) festgelegt. Die drei Komponenten des Verschiebungsvektors bleiben unbestimmt und es muß „von außen" darüber verfügt werden. Dies kann dadurch geschehen, daß z.B. ein Punkt festgehalten wird und damit für dessen Koordinaten keine unbekannten Zuschläge angesetzt werden. Über mehr als einen Punkt bzw. drei Koordinaten darf nicht verfügt werden, da dadurch von den meist ungenaueren gegebenen Koordinaten ein Zwang auf das „gute" GPS-Netz ausgeübt wird, der zu Deformationen und Verzerrungen führt.

Ob bei der Bildung der Normalgleichungen die oben erwähnten Korrelationen berücksichtigt werden, hängt von der Art der Basislinienauswertung ab. Liegen nur die Korrelationen zwischen den einzelnen Komponenten der Vektoren vor, kann man sie zugunsten einer einfachen Berechnung vernachlässigen. Sind jedoch aus einer Mehrpunktlösung auch die Korrelationen zwischen den einzelnen Basislinien bekannt, sollten sie verwendet werden.

Die Ausgleichung kann, wie oben beschrieben, im dreidimensionalen kartesischen Koordinatensystem oder mit ellipsoidischen Koordinaten erfolgen. In diesem Fall sind in Gl. (3.90) die Näherungen ($\mathbf{X}$) aus den Näherungen für die ellipsoidischen Koordinaten gemäß Gl. (3.1) zu berechnen und die Zuschläge $d\mathbf{X}$ gemäß Gl. (3.7) durch Zuschläge zu den ellipsoidischen Näherungskoordinaten zu ersetzen. Damit wird allerdings die funktionale Beziehung zwischen den Meßgrößen und den Unbekannten wesentlich komplizierter. Die Methode hat andererseits den Vorteil, daß dabei sehr einfach vorgegebene Koordinaten φ, λ oder h festgehalten werden können, indem sie einfach nicht als Unbekannte angesetzt werden. Ein solches Festhalten von mehr als einem Punkt bzw. drei Koordinaten sollte jedoch vermieden werden (siehe oben).

3.4.3 Numerische Beispiele

Die numerischen Beispiele dieses Abschnitts basieren auf einem Netz mit den vier Punkten SB, KK, KS und LK, zwischen denen fünf Basisvektoren gemessen wurden. Die Netzkonfiguration ist in Fig. 3.6 dargestellt, wobei der fünfte Punkt SK erst bei den Beispielen des Abschnitts 3.5 Verwendung findet.

Die Basisvektoren wurden unabhängig voneinander ausgewertet, die Ergebnisse sind in der nachfolgenden Tabelle angegeben:

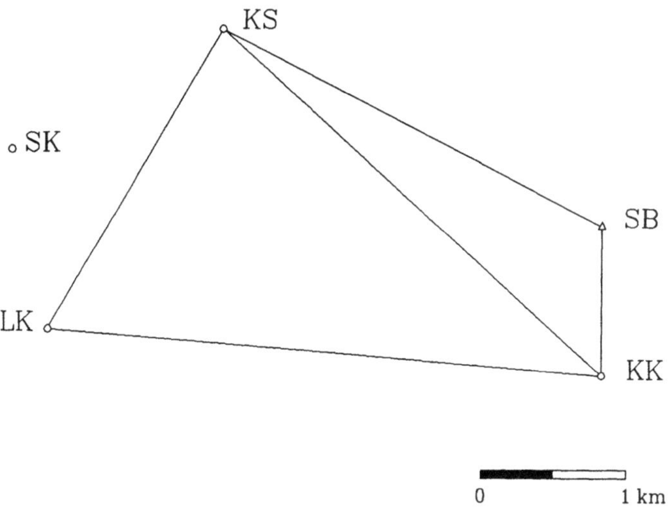

Fig. 3.6. Netzkonfiguration

Vektor	ΔX [m]	ΔY [m]	ΔZ [m]
SB – KK	579.297	201.660	−898.280
KK – KS	−1337.369	−2947.357	2001.697
KS – LK	2085.222	−853.834	−1575.283
SB – KS	−758.051	−2745.673	1103.395
LK – KK	−747.852	3801.192	−426.417

Die in nachstehender Tabelle angegebenen Näherungskoordinaten für die
Netzpunkte wurden ohne Berücksichtigung von Überbestimmungen mit Hilfe
obiger Basisvektoren berechnet, wobei von der Navigationslösung für den
Punkt SB ausgegangen wurde:

Punkt	(X) [m]	(Y) [m]	(Z) [m]
SB	4 213 857.480	1 025 292.070	4 664 733.470
KK	4 214 436.777	1 025 493.730	4 663 835.190
KS	4 213 099.408	1 022 546.373	4 665 836.887
LK	4 215 184.630	1 021 692.539	4 664 261.604

Mit den obigen Daten werden drei Ausgleichungen des Netzes durchgeführt, die sich nur durch die Wahl der Varianz-Kovarianzmatrix für die
Komponenten der Basislinien unterscheiden. Zur Ausschaltung eines Rang-
defektes wird der Punkt SB jeweils festgehalten. Die Designmatrix **A** enthält
daher nur die Koeffizienten für die jeweils drei Koordinatenzuschläge der

Punkte KK, LK, KS (in dieser Reihenfolge). Nachstehend sind der l-Vektor (in Millimetern) und die **A**-Matrix gemäß (3.92) angegeben:

$$\mathbf{l} = [0,\ 0,\ 0,\ 0,\ 0,\ 0,\ 0,\ 0,\ 0,\ 21,\ 24,\ -23,\ 2,\ 1,\ -3]^T$$

$$\mathbf{A} = \begin{bmatrix}
1 & 0 & 0 & 0 & 0 & 0 & 0 & 0 & 0 \\
0 & 1 & 0 & 0 & 0 & 0 & 0 & 0 & 0 \\
0 & 0 & 1 & 0 & 0 & 0 & 0 & 0 & 0 \\
-1 & 0 & 0 & 0 & 0 & 0 & 1 & 0 & 0 \\
0 & -1 & 0 & 0 & 0 & 0 & 0 & 1 & 0 \\
0 & 0 & -1 & 0 & 0 & 0 & 0 & 0 & 1 \\
0 & 0 & 0 & 1 & 0 & 0 & -1 & 0 & 0 \\
0 & 0 & 0 & 0 & 1 & 0 & 0 & -1 & 0 \\
0 & 0 & 0 & 0 & 0 & 1 & 0 & 0 & -1 \\
0 & 0 & 0 & 0 & 0 & 0 & 1 & 0 & 0 \\
0 & 0 & 0 & 0 & 0 & 0 & 0 & 1 & 0 \\
0 & 0 & 0 & 0 & 0 & 0 & 0 & 0 & 1 \\
1 & 0 & 0 & -1 & 0 & 0 & 0 & 0 & 0 \\
0 & 1 & 0 & 0 & -1 & 0 & 0 & 0 & 0 \\
0 & 0 & 1 & 0 & 0 & -1 & 0 & 0 & 0
\end{bmatrix}.$$

1. Beispiel

Im ersten Beispiel werden alle Basislinien-Komponenten als gleich genau betrachtet und sämtliche Korrelationen zwischen ihnen vernachlässigt. Damit ist die Gewichtsmatrix identisch mit der Einheitsmatrix und die Normalgleichungsmatrix $\mathbf{N} = \mathbf{A}^T\mathbf{A}$ lautet

$$\mathbf{N} = \begin{bmatrix}
3 & 0 & 0 & -1 & 0 & 0 & -1 & 0 & 0 \\
0 & 3 & 0 & 0 & -1 & 0 & 0 & -1 & 0 \\
0 & 0 & 3 & 0 & 0 & -1 & 0 & 0 & -1 \\
-1 & 0 & 0 & 2 & 0 & 0 & -1 & 0 & 0 \\
0 & -1 & 0 & 0 & 2 & 0 & 0 & -1 & 0 \\
0 & 0 & -1 & 0 & 0 & 2 & 0 & 0 & -1 \\
-1 & 0 & 0 & -1 & 0 & 0 & 3 & 0 & 0 \\
0 & -1 & 0 & 0 & -1 & 0 & 0 & 3 & 0 \\
0 & 0 & -1 & 0 & 0 & -1 & 0 & 0 & 3
\end{bmatrix}.$$

Die Inversion der Normalgleichungsmatrix ergibt

$$\mathbf{Q} = \begin{bmatrix}
0.63 & 0.00 & 0.00 & 0.50 & 0.00 & 0.00 & 0.38 & 0.00 & 0.00 \\
0.00 & 0.63 & 0.00 & 0.00 & 0.50 & 0.00 & 0.00 & 0.38 & 0.00 \\
0.00 & 0.00 & 0.63 & 0.00 & 0.00 & 0.50 & 0.00 & 0.00 & 0.38 \\
0.50 & 0.00 & 0.00 & 1.00 & 0.00 & 0.00 & 0.50 & 0.00 & 0.00 \\
0.00 & 0.50 & 0.00 & 0.00 & 1.00 & 0.00 & 0.00 & 0.50 & 0.00 \\
0.00 & 0.00 & 0.50 & 0.00 & 0.00 & 1.00 & 0.00 & 0.00 & 0.50 \\
0.38 & 0.00 & 0.00 & 0.50 & 0.00 & 0.00 & 0.63 & 0.00 & 0.00 \\
0.00 & 0.38 & 0.00 & 0.00 & 0.50 & 0.00 & 0.00 & 0.63 & 0.00 \\
0.00 & 0.00 & 0.38 & 0.00 & 0.00 & 0.50 & 0.00 & 0.00 & 0.63
\end{bmatrix}$$

und erlaubt die Berechnung der Unbekannten aus $d\mathbf{X} = \mathbf{Q}\,\mathbf{A}^T\mathbf{l}$ und der Verbesserungen $\mathbf{v}$ gemäß (3.93). Die ausgeglichenen Punktkoordinaten sind in einer Tabelle nach dem dritten Beispiel enthalten.

2. Beispiel

Im ersten Beispiel wurde als Gewichtsmatrix die Einheitsmatrix verwendet, d.h. alle Vektorkomponenten wurden als gleich genau betrachtet. Aus der Auswertung sind jedoch die Fehler σ_i der einzelnen Komponenten bekannt. Mit diesen Fehlern können nach Gl. (3.26) Gewichte p_i berechnet werden. Die Ergebnisse sind in der folgenden Tabelle enthalten, wobei die σ_i in Millimetern angegeben sind und für die Konstante $c = 10$ gesetzt wurde:

	SB – KK	KK – KS	KS – LK	SB – KS	LK – KK
$\sigma_{\Delta X}$	3.2	5.7	5.7	6.0	10.7
$p_{\Delta X}$	0.98	0.31	0.31	0.28	0.09
$\sigma_{\Delta Y}$	1.6	2.3	1.9	2.4	3.7
$p_{\Delta Y}$	3.91	1.89	2.77	1.74	0.73
$\sigma_{\Delta Z}$	4.7	4.5	4.4	5.5	8.3
$p_{\Delta Z}$	0.45	0.49	0.52	0.33	0.15

Die Gewichte bilden die Diagonalglieder der Gewichtsmatrix $\mathbf{P}$, alle Glieder außerhalb der Diagonale sind Null. Die Designmatrix $\mathbf{A}$ und der Absolutgliedvektor $\mathbf{l}$ entsprechen jenen im ersten Beispiel. Die Normalgleichungsinverse folgt jetzt aber aus $\mathbf{Q} = (\mathbf{A}^T\mathbf{P}\,\mathbf{A})^{-1}$ und lautet

$$\mathbf{Q} = \begin{bmatrix} 0.88 & 0.00 & 0.00 & 0.59 & 0.00 & 0.00 & 0.51 & 0.00 & 0.00 \\ 0.00 & 0.21 & 0.00 & 0.00 & 0.14 & 0.00 & 0.00 & 0.12 & 0.00 \\ 0.00 & 0.00 & 1.50 & 0.00 & 0.00 & 1.09 & 0.00 & 0.00 & 0.97 \\ 0.59 & 0.00 & 0.00 & 3.80 & 0.00 & 0.00 & 1.51 & 0.00 & 0.00 \\ 0.00 & 0.14 & 0.00 & 0.00 & 0.53 & 0.00 & 0.00 & 0.27 & 0.00 \\ 0.00 & 0.00 & 1.09 & 0.00 & 0.00 & 2.93 & 0.00 & 0.00 & 1.54 \\ 0.51 & 0.00 & 0.00 & 1.51 & 0.00 & 0.00 & 1.81 & 0.00 & 0.00 \\ 0.00 & 0.12 & 0.00 & 0.00 & 0.27 & 0.00 & 0.00 & 0.31 & 0.00 \\ 0.00 & 0.00 & 0.97 & 0.00 & 0.00 & 1.54 & 0.00 & 0.00 & 1.70 \end{bmatrix}$$

und erlaubt die Berechnung der Unbekannten aus $d\mathbf{X} = \mathbf{Q}\,\mathbf{A}^T\mathbf{P}\,\mathbf{l}$ und der Verbesserungen $\mathbf{v}$ gemäß (3.93). Die ausgeglichenen Punktkoordinaten sind in einer Tabelle nach dem dritten Beispiel enthalten.

3. Beispiel

Im vorigen Beispiel wurden zwar die unterschiedlichen Genauigkeiten der einzelnen Komponenten der Basisvektoren, aber nicht deren gegenseitige Korrelationen berücksichtigt. Die Gewichtsmatrix für die einzelnen Punkte P_i wurde dort nach

$$\mathbf{P}_i = c\,\boldsymbol{\Sigma}_i^{-1} \tag{3.94}$$

unter Verwendung von

$$\boldsymbol{\Sigma}_i = \begin{bmatrix} \sigma^2_{\Delta X_i} & & \\ & \sigma^2_{\Delta Y_i} & \\ & & \sigma^2_{\Delta Z_i} \end{bmatrix} \tag{3.95}$$

berechnet. Die Matrix $\boldsymbol{\Sigma}_i$ ist die Varianzmatrix der Beobachtungen, wobei die Varianzen σ^2_i der einzelnen Größen die Diagonale bilden.

Bei korrelierten Beobachtungen geht die Varianzmatrix in die Varianz-Kovarianzmatrix über, die auch außerhalb der Diagonale voll oder zumindest teilweise besetzt ist. Die Glieder außerhalb der Diagonalen heißen Kovarianzen σ^2_{ij} oder, analog zu den Fehlerquadraten σ^2_i in der Diagonale, auch „Fehlerrechtecke".

Bei den GPS-Programmen für die Auswertung wird meist nicht direkt die Varianz-Kovarianzmatrix angegeben. Sind jedoch zum Beispiel die Matrix

$$\mathbf{Q} = \begin{bmatrix} Q_{\Delta X \Delta X} & Q_{\Delta X \Delta Y} & Q_{\Delta X \Delta Z} \\ Q_{\Delta X \Delta Y} & Q_{\Delta Y \Delta Y} & Q_{\Delta Y \Delta Z} \\ Q_{\Delta X \Delta Z} & Q_{\Delta Y \Delta Z} & Q_{\Delta Z \Delta Z} \end{bmatrix} \tag{3.96}$$

und der Gewichtseinheitsfehler σ_0 gegeben, dann erhält man die Varianz-Kovarianzmatrix $\boldsymbol{\Sigma}$ durch Multiplikation der $\mathbf{Q}$-Matrix mit σ^2_0.

Häufig werden anstelle der Varianz-Kovarianzmatrix auch die Varianzen und die Korrelationskoeffizienten r_{ij} angegeben. Der Korrelationskoeffizient r_{ij} zwischen zwei Größen mit den Varianzen σ^2_i und σ^2_j ist durch

$$r_{ij} = \frac{\sigma^2_{ij}}{\sigma_i \, \sigma_j} \tag{3.97}$$

definiert. Damit können aus

$$\sigma^2_{ij} = r_{ij} \, \sigma_i \, \sigma_j \tag{3.98}$$

alle Glieder der Varianz-Kovarianzmatrix berechnet werden.

Die „Gewichtsmatrix" $\mathbf{P}$ für korrelierte Größen erhält man analog zu Gl. (3.94) aus

$$\mathbf{P} = c \, \boldsymbol{\Sigma}^{-1} \, , \tag{3.99}$$

wobei aber $\boldsymbol{\Sigma}$ und damit auch $\mathbf{P}$ jetzt nicht mehr Diagonalmatrizen sind.

Für das vorliegende Beispiel sei die Berechnung der „Gewichtsmatrix" $\mathbf{P}_{\text{SB-KK}}$ für den Vektor SB–KK gezeigt. Vorgegeben sind die Korrelationskoeffizienten r_{ij} mit

$$r_{\Delta X \Delta Y} = 0.28\,, \quad r_{\Delta X \Delta Z} = 0.60\,, \quad r_{\Delta Y \Delta Z} = 0.37$$

und die Varianzen σ_i^2

$$\sigma_{\Delta X}^2 = 10.2\,, \quad \sigma_{\Delta Y}^2 = 2.6\,, \quad \sigma_{\Delta Z}^2 = 22.1\,.$$

Damit erhält man die Varianz-Kovarianzmatrix

$$\mathbf{\Sigma}_{\text{SB-KK}} \;=\; \begin{bmatrix} 10.2 & 1.4 & 9.0 \\ 1.4 & 2.6 & 2.8 \\ 9.0 & 2.8 & 22.1 \end{bmatrix}$$

und mit $c = 10$ die „Gewichtsmatrix"

$$\mathbf{P}_{\text{SB-KK}} \;=\; \begin{bmatrix} 1.54 & -0.18 & -0.60 \\ -0.18 & 4.47 & -0.49 \\ -0.60 & -0.49 & 0.76 \end{bmatrix}.$$

Analog erhält man für die anderen Vektoren:

$$\mathbf{P}_{\text{KK-KS}} \;=\; \begin{bmatrix} 0.67 & -0.17 & -0.58 \\ -0.17 & 2.32 & -0.33 \\ -0.58 & -0.33 & 1.10 \end{bmatrix}$$

$$\mathbf{P}_{\text{KS-LK}} \;=\; \begin{bmatrix} 0.55 & -0.09 & -0.46 \\ -0.09 & 3.02 & -0.28 \\ -0.46 & -0.28 & 0.94 \end{bmatrix}$$

$$\mathbf{P}_{\text{SB-KS}} \;=\; \begin{bmatrix} 0.48 & -0.18 & -0.31 \\ -0.18 & 2.18 & -0.28 \\ -0.31 & -0.28 & 0.61 \end{bmatrix}$$

$$\mathbf{P}_{\text{LK-KK}} \;=\; \begin{bmatrix} 0.16 & -0.02 & -0.13 \\ -0.02 & 0.80 & -0.08 \\ -0.13 & -0.08 & 0.27 \end{bmatrix}$$

Die Gesamt-Gewichtsmatrix $\mathbf{P}$ erhält man nun durch die Zusammensetzung der Teilmatrizen in einer sogenannten „Blockdiagonalstruktur" aus

$$\mathbf{P} = \begin{bmatrix} \mathbf{P}_{\text{SB-KK}} & & & & \\ & \mathbf{P}_{\text{KK-KS}} & & & \\ & & \mathbf{P}_{\text{KS-LK}} & & \\ & & & \mathbf{P}_{\text{SB-KS}} & \\ & & & & \mathbf{P}_{\text{LK-KK}} \end{bmatrix},$$

wobei jedes „Element" einen 3×3-Block darstellt, sich also insgesamt eine 15×15-Matrix ergibt.

Die Designmatrix $\mathbf{A}$ und der Absolutgliedvektor l entsprechen jenen im ersten Beispiel. Die zugehörige Normalgleichungsinverse folgt jetzt aber aus $\mathbf{Q} = (\mathbf{A}^T \mathbf{P} \mathbf{A})^{-1}$ und lautet

$$\mathbf{Q} = \begin{bmatrix} 0.86 & 0.12 & 0.66 & 0.58 & 0.08 & 0.47 & 0.50 & 0.07 & 0.41 \\ 0.12 & 0.20 & 0.20 & 0.08 & 0.14 & 0.14 & 0.08 & 0.12 & 0.13 \\ 0.66 & 0.20 & 1.42 & 0.46 & 0.15 & 1.05 & 0.40 & 0.13 & 0.95 \\ 0.58 & 0.08 & 0.46 & 3.86 & 0.40 & 2.15 & 1.54 & 0.23 & 0.97 \\ 0.08 & 0.14 & 0.15 & 0.40 & 0.53 & 0.41 & 0.23 & 0.27 & 0.26 \\ 0.47 & 0.14 & 1.05 & 2.15 & 0.41 & 2.94 & 0.97 & 0.26 & 1.53 \\ 0.50 & 0.08 & 0.40 & 1.54 & 0.23 & 0.97 & 1.84 & 0.28 & 1.13 \\ 0.07 & 0.12 & 0.13 & 0.23 & 0.27 & 0.26 & 0.28 & 0.31 & 0.29 \\ 0.41 & 0.13 & 0.95 & 0.97 & 0.26 & 1.53 & 1.13 & 0.29 & 1.69 \end{bmatrix}$$

und erlaubt die Berechnung der Unbekannten aus $d\mathbf{X} = \mathbf{Q}\,\mathbf{A}^T\mathbf{P}\,l$ und der Verbesserungen $\mathbf{v}$ gemäß (3.93). Die ausgeglichenen Punktkoordinaten sind nachstehend angegeben.

Gegenüberstellung der Ergebnisse
Die folgende Tabelle enthält die Ergebnisse der drei Netzausgleichungen. Dabei sind in der zweiten Spalte die Koordinatenwerte in Metern und in den folgenden Spalten die Nachkommastellen angegeben:

Punkt			1. Beispiel	2. Beispiel	3. Beispiel
KK	X	4 214 436	.785	.780	.776
	Y	1 025 493	.739	.735	.734
	Z	4 663 835	.181	.183	.177
KS	X	4 213 099	.421	.418	.416
	Y	1 022 546	.388	.386	.386
	Z	4 665 836	.874	.875	.872
LK	X	4 215 184	.640	.638	.636
	Y	1 021 692	.551	.550	.550
	Z	4 664 261	.595	.594	.591

Ein Vergleich der Ergebnisse zeigt, daß die verschiedenen Annahmen für die Varianz-Kovarianzmatrix der Beobachtungen zu Änderungen in den ausgeglichenen Koordinaten bis zu einem Zentimeter führen.

Den angegebenen Koordinaten, die sich auf das WGS-84 beziehen, liegt der festgehaltene Punkt SB zugrunde. Da die Ergebnisse jedoch im System der Landeskoordinaten erwünscht sind, muß noch eine Transformation des ausgeglichenen Netzes in ein vorgegebenes Landessystem angeschlossen werden.

3.5 Transformation von GPS-Netzen in das Landessystem (Numerische Beispiele)

Als Ergebnis der Netzbildung liegen für alle beobachteten Punkte dreidimensionale kartesische Koordinaten im WGS-84 vor, die jeweils den Ortsvektor $\mathbf{X}_{\text{GPS}} = (X, Y, Z)_{\text{GPS}}$ bilden. Diese Ortsvektoren dürfen nicht mit den Basisvektoren verwechselt werden.

Unter den beobachteten Punkten müssen neben Neupunkten auch Paßpunkte vorhanden sein, die für die Bestimmung der Parameter einer Transformation der GPS-Koordinaten in das lokale Landessystem benötigt werden. Aus numerischen Gründen sollen die Paßpunkte über das gesamte Gebiet gleichmäßig verteilt sein und dürfen keinesfalls auf einer Geraden liegen. Die Transformationen unterscheiden sich nach der Art der Information, die für die Paßpunkte im Landessystem vorliegt. Es können dreidimensionale Paßpunkte (Vollpaßpunkte) oder auch nur Lage- oder Höheninformationen in den Paßpunkten vorgegeben sein.

3.5.1 Dreidimensionale Transformation mit Vollpaßpunkten

Es wird angenommen, daß für die Paßpunkte sowohl GPS-Koordinaten als auch Lagekoordinaten $(x, y)_{\text{LS}}$ sowie ellipsoidische Höhen h_{LS} im Landessystem vorliegen. Letztere ergeben sich aus den orthometrischen Höhen H unter Verwendung eines Geoidmodells. Es liegt nun die Aufgabe vor, auch für die mit GPS beobachteten Neupunkte die Lagekoordinaten und die ellipsoidischen Höhen im Landessystem zu ermitteln. Die Lösung wird folgendermaßen gewonnen:

1. Man berechne für die Paßpunkte aus den Lagekoordinaten $(x, y)_{\text{LS}}$ die ellipsoidischen Koordinaten $(\varphi, \lambda)_{\text{LS}}$ bezogen auf das Ellipsoid des Landessystems. Die hierzu benötigten Formeln sind von der jeweiligen Abbildung Ellipsoid $\leftrightarrow$ Ebene abhängig und sind im Anhang 2 angegeben. Da laut Voraussetzung die ellipsoidischen Höhen h_{LS} für die Paßpunkte vorliegen, stehen nunmehr $(\varphi, \lambda, h)_{\text{LS}}$ zur Verfügung.

2. Man berechne für die Paßpunkte mit den Formeln (3.1) aus den ellipsoidischen Koordinaten $(\varphi, \lambda, h)_{\text{LS}}$ dreidimensionale kartesische Koordinaten $(X, Y, Z)_{\text{LS}}$, wobei die Dimensionen des Datum-Ellipsoids zu verwenden sind.

3. Für die Paßpunkte liegen nun somit einerseits $\mathbf{X}_{\text{GPS}} = (X, Y, Z)_{\text{GPS}}$ und andererseits $\mathbf{X}_{\text{LS}} = (X, Y, Z)_{\text{LS}}$ vor. Damit können nach den Ausführungen im Abschnitt 3.3.2 die sieben Parameter einer dreidimensionalen Ähnlichkeitstransformation bestimmt werden.

4. Man transformiere für die Neupunkte die Vektoren $\mathbf{X}_{\mathrm{GPS}}$ unter Verwendung der nun bekannten Transformationsparameter in die Vektoren $\mathbf{X}_{\mathrm{LS}}$.

5. Man berechne für die Neupunkte aus den nun vorliegenden kartesischen Koordinaten $(X, Y, Z)_{\mathrm{LS}}$ nach (3.3) die ellipsoidischen Koordinaten $(\varphi, \lambda, h)_{\mathrm{LS}}$, wobei wiederum die Dimensionen des Datum-Ellipsoids zu verwenden sind.

6. Man berechne für die Neupunkte aus $(\varphi, \lambda)_{\mathrm{LS}}$ durch Abbildung in die Ebene die Lagekoordinaten $(x, y)_{\mathrm{LS}}$ und aus den ellipsoidischen Höhen die orthometrischen Höhen unter Verwendung des Geoidmodells.

Der beschriebene Rechenvorgang benötigt ellipsoidische Höhen der Paßpunkte. Man erhält jedoch auch bei nur genäherter Kenntnis der ellipsoidischen Paßpunkthöhen befriedigende Ergebnisse für die Lagekoordinaten in der Ebene. Voraussetzung hierfür ist allerdings, daß es sich um ein kleinräumiges Gebiet handelt und nur geringe Undulationsunterschiede zwischen den Punkten auftreten.

Die Vorgangsweise sei noch an einem numerischen Beispiel dargestellt. Ausgegangen wird von vier Vollpaßpunkten KS, LK, SB, SK, deren Koordinaten bezogen auf das GPS- bzw. Landessystem in den nachstehenden Tabellen enthalten sind. Für den Neupunkt KK liegen nur die GPS-Koordinaten vor und seine Koordinaten im Landessystem sollen bestimmt werden. Die Situierung der Punkte ist in Fig. 3.6 dargestellt.

Die Koordinaten x, y im Landessystem sind Gauß-Krüger-Koordinaten und beziehen sich auf das Österreichische Datum (MGI) und den Meridianstreifen M31, das heißt, der Mittelmeridian hat die geographische Länge 31° östlich von Ferro. Das entspricht 13°20′ (exakt) östlich von Greenwich. Die orthometrischen Höhen H beziehen sich auf den Pegel von Triest. Die Undulationen N wurden dem Geoidmodell nach Prof. Sünkel entnommen und sind zusammen mit den orthometrischen Höhen angegeben:

Punkt	GPS-Koordinaten		
	X [m]	Y [m]	Z [m]
KS	4 213 099.416	1 022 546.386	4 665 836.872
LK	4 215 184.636	1 021 692.550	4 664 261.591
SB	4 213 857.480	1 025 292.070	4 664 733.470
SK	4 214 340.318	1 021 293.586	4 665 089.620
KK	4 214 436.776	1 025 493.734	4 663 835.177

Punkt	Landessystem			
	x [m]	y [m]	H [m]	N [m]
KS	5 239 488.54	23 423.98	2 390.50	1.17
LK	5 237 074.80	22 112.38	2 471.04	1.25
SB	5 237 733.43	25 919.32	2 518.89	1.32
SK	5 238 307.29	21 919.03	2 458.95	1.19

Aus den Gauß-Krüger-Koordinaten x, y der Paßpunkte können deren ellipsoidische Koordinaten φ, λ berechnet werden, siehe Anhang 2, Formel (A2.10). Die ellipsoidischen Höhen h erhält man aus $h = H + N$. Die Ergebnisse sind in der nachstehenden Tabelle zusammengefaßt:

Punkt	Landessystem		
	φ	λ	h [m]
KS	47°17′39.8082″	13°38′35.0143″	2 391.67
LK	47°16′21.8052″	13°37′32.1506″	2 472.29
SB	47°16′42.6326″	13°40′33.4269″	2 520.21
SK	47°17′01.7418″	13°37′23.1686″	2 460.14

Aus den ellipsoidischen Koordinaten können kartesische Koordinaten im Landessystem berechnet werden, die nachstehend angegeben sind:

Punkt	Landessystem		
	X [m]	Y [m]	Z [m]
KS	4 212 479.836	1 022 457.832	4 665 309.172
LK	4 214 564.938	1 021 603.876	4 663 733.828
SB	4 213 237.821	1 025 203.401	4 664 205.545
SK	4 213 720.581	1 021 204.936	4 664 561.873

Aus numerischen Gründen werden jetzt Schwerpunktskoordinaten eingeführt, die nachstehend für das GPS- und Landessystem angegeben sind:

Punkt	GPS-Schwerpunktskoordinaten		
	X [m]	Y [m]	Z [m]
KS	−1 021.047	−159.762	856.484
LK	1 064.174	−1 013.598	−718.797
SB	−262.983	2 585.922	−246.918
SK	219.856	−1 412.562	109.232

Punkt	Schwerpunktskoordinaten im Landessystem		
	X [m]	Y [m]	Z [m]
KS	−1 020.958	−159.679	856.568
LK	1 064.144	−1 013.635	−718.777
SB	−262.973	2 585.890	−247.060
SK	219.787	−1 412.575	109.269

Unter Beachtung der Gl. (3.65), wobei die Komponenten des Verschiebungsvektors wegen der Einführung von Schwerpunktskoordinaten nicht auftreten, erhält man für die unbekannten Parameter $d\mu$, $d\alpha_1$, $d\alpha_2$, $d\alpha_3$ die Designmatrix

$$
\mathbf{A} = \begin{bmatrix}
-1.0210 & 0.0000 & -0.8565 & -0.1598 \\
-0.1598 & 0.8565 & 0.0000 & 1.0210 \\
0.8565 & 0.1598 & -1.0210 & 0.0000 \\
1.0642 & 0.0000 & 0.7188 & -1.0136 \\
-1.0136 & -0.7188 & 0.0000 & -1.0642 \\
-0.7188 & 1.0136 & 1.0642 & 0.0000 \\
-0.2630 & 0.0000 & 0.2469 & 2.5859 \\
2.5859 & -0.2469 & 0.0000 & 0.2630 \\
-0.2469 & -2.5859 & -0.2630 & 0.0000 \\
0.2199 & 0.0000 & -0.1092 & -1.4126 \\
-1.4126 & 0.1092 & 0.0000 & -0.2199 \\
0.1092 & 1.4126 & 0.2199 & 0.0000
\end{bmatrix} ,
$$

wobei alle Koeffizienten mit dem Faktor 10^{-6} multipliziert wurden. Der zugehörige Absolutgliedvektor $\mathbf{l}$ lautet in Millimetern

$$
\mathbf{l} = [-89, -83, -84, 30, 37, -20, -10, 32, 142, 69, 13, -37]^T .
$$

Nun können die Normalgleichungen gebildet werden, wobei als Gewichtsmatrix die Einheitsmatrix gewählt wird. Die Auflösung der Normalgleichungen liefert Werte für die Unbekannten, die wegen der Multiplikation der Koeffizientenmatrix mit 10^{-6} ebenfalls mit diesem Faktor multipliziert werden müssen. Man erhält

$$
d\mu = -6 \cdot 10^{-6}
$$

und

$$
d\alpha_1 = 59 \cdot 10^{-6}, \quad d\alpha_2 = -61 \cdot 10^{-6}, \quad d\alpha_3 = 14 \cdot 10^{-6},
$$

wobei die Drehwinkel im Bogenmaß angegeben sind.

Mit dem Maßstabsfaktor $\mu = 1 + d\mu$ und der Drehmatrix $\mathbf{R} = \mathbf{I} + d\mathbf{A}$ lautet die Transformationsmatrix $\mu\mathbf{R}$ daher

$$
\mu\mathbf{R} = \begin{bmatrix}
0.999\,994 & 0.000\,014 & 0.000\,061 \\
-0.000\,014 & 0.999\,994 & 0.000\,059 \\
-0.000\,061 & -0.000\,059 & 0.999\,994
\end{bmatrix} .
$$

Um eine Genauigkeitsaussage über die Ähnlichkeitstransformation treffen zu können, werden die GPS-Schwerpunktskoordinaten der Paßpunkte transformiert und mit den Schwerpunktskoordinaten im Landessystem verglichen. Daraus folgen die in Metern angegebenen Klaffungen:

Punkt	Klaffungen		
	v_X	v_Y	v_Z
KS	0.032	0.016	0.017
LK	0.035	0.015	0.021
SB	-0.015	-0.005	-0.007
SK	-0.053	-0.025	-0.032

Aus den Klaffungen folgt ein mittlerer Koordinatenfehler von 41 mm, wobei die Zahl der Überbestimmungen $r = n - u = 12 - 7 = 5$ beträgt. Der verhältnismäßig große Fehler ist nicht auf die GPS-Ergebnisse zurückzuführen, da diese eine hohe innere Genauigkeit aufweisen. Der Grund für den großen Fehler liegt in den eingeführten Höhen des Landessystems, die im betrachteten Gebiet wegen dessen Hochgebirgslage inhomogen sind.

Mit der oben angegebenen Matrix $\mu\mathbf{R}$ können nun die GPS-Koordinaten des Neupunktes KK in das Landessystem transformiert werden. Die Schwerpunktskoordinaten für KK im GPS- und Landessystem sind nachstehend angegeben:

	Schwerpunktskoordinaten für KK		
	X [m]	Y [m]	Z [m]
GPS	316.313	2 787.586	$-1 145.211$
Landessystem	316.282	2 787.496	$-1 145.387$

Bezogen auf das Landessystem können jetzt für den Neupunkt KK auch sukzessive die ursprünglichen dreidimensionalen kartesischen Koordinaten, die ellipsoidischen Koordinaten und die Gauß-Krüger-Koordinaten berechnet werden. Die orthometrische Höhe folgt aus der ellipsoidischen Höhe unter Berücksichtigung einer Geoidundulation von $N = 1.36$ m. Die einzelnen Ergebnisse sind nachstehend angeführt:

Koordinaten des Neupunktes KK im Landessystem		
X, Y, Z	4 213 817.076	1 025 405.007	4 663 307.218
φ, λ, h	47°16′08.3829″	13°40′36.2300″	2 274.517
x, y, H	5 236 676.102	25 982.882	2 273.157

Die Transformation wurde auch ohne Berücksichtigung der Undulationen gerechnet. Dabei wurden bei der Berechnung der kartesischen Koordinaten im Landessystem die ellipsoidischen Höhen den orthometrischen Höhen gleichgesetzt. Das Ergebnis für den Neupunkt KK unterscheidet sich in den Lagekoordinaten x bzw. y um 12 mm bzw. 5 mm und in der orthometrischen Höhe tritt eine Abweichung von -11 mm auf.

3.5.2 Zweidimensionale Transformation mit Lagepaßpunkten

Für die Paßpunkte werden sowohl GPS-Koordinaten $\mathbf{X}_{\mathrm{GPS}}$ als auch Lagekoordinaten $(x, y)_{\mathrm{LS}}$, aber keine ellipsoidischen Höhen im Landessystem als bekannt angenommen. Es liegt die Aufgabe vor, aus den GPS-Koordinaten $\mathbf{X}_{\mathrm{GPS}}$ der Neupunkte deren Lagekoordinaten im Landessystem abzuleiten. Die Lösung wird folgendermaßen gewonnen:

1. Man bringe an sämtliche GPS-Koordinaten $\mathbf{X}_{\mathrm{GPS}}$ den für das Datum des Landessystems gültigen Verschiebungsvektors $\mathbf{c}$ an. Dabei braucht der Verschiebungsvektor nur genähert, etwa auf einige Zehnermeter genau, bekannt zu sein. Die benötigte Information kann über die jeweilige Vermessungsbehörde oder von geodätischen Instituten erhalten werden. Die für Österreich gültigen Werte sind in Tabelle 3.2 im Abschnitt 3.3.2 angeführt.

2. Aus den so korrigierten kartesischen Koordinaten können nun für alle beobachteten Punkte zunächst ellipsoidische Koordinaten $(\varphi, \lambda, h)_{\mathrm{GPS}}$ mit (3.3) berechnet werden, wobei die Dimensionen des jeweiligen Datum-Ellipsoids zu verwenden sind.

3. Aus den ellipsoidischen Daten $(\varphi, \lambda)_{\mathrm{GPS}}$ sind nun mit Hilfe der für das jeweilige Landessystem gültigen Abbildungsgleichungen Koordinaten $(x, y)_{\mathrm{GPS}}$ in der Ebene für sämtliche Punkte zu rechnen.

4. Für die Paßpunkte liegen nun die Koordinatensätze $(x, y)_{\mathrm{GPS}}$ und $(x, y)_{\mathrm{LS}}$ vor, mit denen die vier Parameter einer zweidimensionalen Ähnlichkeitstransformation bestimmt werden können.

5. Mit den nun bekannten Parametern können die Koordinaten $(x, y)_{\mathrm{GPS}}$ der Neupunkte in das Landessystem transformiert werden. Als Ergebnis folgen deren Koordinaten $(x, y)_{\mathrm{LS}}$.

Wird im ersten Schritt der Verschiebungsvektor nicht berücksichtigt, kann dies bei größeren Netzen zu Verzerrungen in den berechneten Koordinaten $(x, y)_{\mathrm{GPS}}$ führen, die durch eine Ähnlichkeitstransformation nicht eliminiert werden. In einem solchen Fall muß eine allgemeinere Transformation, etwa eine Affintransformation, angesetzt werden.

Die Vorgangsweise sei noch an einem numerischen Beispiel dargestellt. Für die Paßpunkte KS, LK, SB, SK und den Neupunkt KK sind die GPS-Koordinaten bekannt, die schon im numerischen Beispiel des Abschnitts 3.5.1 angegeben wurden. Für die Paßpunkte seien nun im Landessystem nur die Lagekoordinaten bekannt (vgl. wiederum Abschnitt 3.5.1). Daraus sollen jene des Neupunktes abgeleitet werden.

Im ersten Schritt werden die GPS-Koordinaten mit Hilfe des Verschiebungsvektors aus Tabelle 3.2 näherungsweise in das Landessystem transformiert, jedoch weiterhin als GPS-Koordinaten bezeichnet:

Punkt	GPS-Koordinaten		
	X [m]	Y [m]	Z [m]
KS	4 212 513.416	1 022 457.386	4 665 368.872
LK	4 214 598.636	1 021 603.550	4 663 793.591
SB	4 213 271.480	1 025 203.070	4 664 265.470
SK	4 213 754.318	1 021 204.586	4 664 621.620
KK	4 213 850.776	1 025 404.734	4 663 367.177

Die oben angegebenen kartesischen Raumkoordinaten werden nun in ellipsoidische Koordinaten, bezogen auf das Bessel-Ellipsoid, und weiters in Gauß-Krüger-Koordinaten, bezogen auf den Meridianstreifen M31, umgewandelt:

Punkt	φ	λ	x	y
KS	47°17'40.3452"	13°38'34.6168"	5 239 505.088	23 415.563
LK	47°16'22.3409"	13°37'31.7579"	5 237 091.311	22 104.066
SB	47°16'43.1727"	13°40'33.0330"	5 237 750.072	25 910.971
SK	47°17'02.2759"	13°37'22.7744"	5 238 323.753	21 910.686
KK	47°16'08.9229"	13°40'35.8384"	5 236 692.740	25 974.578

Aus numerischen Gründen werden jetzt Koordinaten eingeführt, die sich auf den Schwerpunkt der Paßpunkte beziehen und nachstehend angegeben sind:

Punkt	Schwerpunktskoordinaten			
	GPS		Landessystem	
	x [m]	y [m]	x [m]	y [m]
KS	1 337.532	80.242	1 337.525	80.303
LK	−1 076.245	−1 231.256	−1 076.215	−1 231.298
SB	−417.484	2 575.650	−417.585	2 575.643
SK	156.197	−1 424.636	156.275	−1 424.648

Werden für die Transformationsparameter die Näherungswerte $(\mu) = 1$ und $(\alpha) = 0$ bzw. die daraus folgenden Werte $(p) = 1$ und $(q) = 0$ eingeführt, erhält man unter Beachtung von (3.84), wobei Komponenten des Verschiebungsvektors wegen der Einführung von Schwerpunktskoordinaten nicht auftreten, für die unbekannten Parameter dp und dq die Designmatrix

$$
\mathbf{A} = \begin{bmatrix}
1.3375 & -0.0802 \\
0.0802 & 1.3375 \\
-1.0762 & 1.2313 \\
-1.2313 & -1.0762 \\
-0.4175 & -2.5757 \\
2.5757 & -0.4175 \\
0.1562 & 1.4246 \\
-1.4246 & 0.1562
\end{bmatrix} ,
$$

wobei alle Koeffizienten mit dem Faktor 10^{-6} multipliziert wurden. Der zugehörige Absolutgliedvektor l lautet in Millimetern

$$
\mathbf{l} = [7, -61, -30, 42, 101, 7, -78, 12]^T .
$$

Nun können die Normalgleichungen gebildet werden, wobei als Gewichtsmatrix die Einheitsmatrix gewählt wird. Die Auflösung der Normalgleichungen liefert Werte, die wegen der Multiplikation der Koeffizientenmatrix mit 10^{-6} ebenfalls mit diesem Faktor multipliziert werden müssen. Man erhält aus $p = (p) + dp$ und $q = (q) + dq$ schließlich

$$
p = 1.000\,005 , \quad q = 0.000\,040
$$

und weiters

$$
\mu = 1.000\,005 , \quad \alpha = 0.000\,040 ,
$$

wobei der Drehwinkel α im Bogenmaß angegeben ist.

Um eine Genauigkeitsaussage über die Ähnlichkeitstransformation treffen zu können, werden die GPS-Schwerpunktskoordinaten der Paßpunkte transformiert und mit den Schwerpunktskoordinaten im Landessystem verglichen. Daraus resultieren die Klaffungen, die nachstehend in Metern angegeben sind:

Punkt	Klaffungen	
	v_x	v_y
KS	-0.010	0.007
LK	-0.014	0.007
SB	0.004	-0.003
SK	0.020	-0.011

Aus den Klaffungen folgt ein mittlerer Koordinatenfehler von 15 mm, wobei die Zahl der Überbestimmungen $r = n - u = 8 - 4 = 4$ beträgt. Dieser Fehler ist wesentlich kleiner als im Fall der dreidimensionalen Transformation. Der Grund liegt darin, daß hier die schlechte Höhengenauigkeit der Ausgangsdaten keinen Einfluß hat.

Mit den oben angegebenen Werten p, q können nun die GPS-Koordinaten des Neupunktes KK in das Landessystem transformiert werden. Die Schwerpunktskoordinaten für KK im GPS- und Landessystem sind nachstehend angegeben:

Punkt	Schwerpunktskoordinaten			
	GPS		Landessystem	
	x [m]	y [m]	x [m]	y [m]
KK	$-1\,474.816$	$2\,639.257$	$-1\,474.929$	$2\,639.211$

Der Übergang von den schwerpunktsbezogenen Koordinaten auf die ursprünglichen Koordinaten liefert als Ergebnis

$$x = 5\,236\,676.086 \,\text{m} \qquad y = 25\,982.889 \,\text{m}$$

für die Gauß-Krüger-Koordinaten des Punktes KK im Landessystem. Ein Vergleich mit den Koordinaten des Punktes aus der dreidimensionalen Berechung zeigt Unterschiede in x bzw. y von 16 mm bzw. 7 mm. Diese Abweichungen sind jedoch nicht signifikant, da sie unter dem mittleren Koordinatenfehler im dreidimensionalen Fall liegen.

3.5.3 Eindimensionale Transformation mit Höhenpaßpunkten

Es seien für die Paßpunkte neben den GPS-Koordinaten $\mathbf{X}_{\text{GPS}}$ nur deren orthometrische Höhen H bekannt. Daraus sollen Parameter abgeleitet werden, die für die Neupunkte eine Transformation der aus den GPS-Beobachtungen resultierenden ellipsoidischen Höhen in orthometrische Höhen erlaubt. Die Lösung wird folgendermaßen gewonnen:

1. Man bringe an sämtliche GPS-Koordinaten $\mathbf{X}_{\text{GPS}}$ den für das Datum des Landessystems gültigen Verschiebungsvektor $\mathbf{c}$ an. Der Verschiebungsvektor braucht dabei nur genähert, etwa auf einige Zehnermeter genau, bekannt zu sein. Die benötigte Information kann über die jeweilige Vermessungsbehörde oder von geodätischen Instituten erhalten werden. Die für Österreich gültigen Werte sind in Tabelle 3.2 im Abschnitt 3.3.2 angeführt.

2. Aus den so korrigierten kartesischen Koordinaten können nun für alle beobachteten Punkte zunächst ellipsoidische Koordinaten $(\varphi, \lambda, h)_{\text{GPS}}$ mit (3.3) berechnet werden, wobei die Dimensionen des jeweiligen Datum-Ellipsoids zu verwenden sind.

3. Für die Paßpunkte liegen somit ellipsoidische Höhen h und orthometrische Höhen H vor. Damit können gemäß Gl. (3.86) die drei Parameter einer eindimensionalen Transformation bestimmt werden. Die benötigten Näherungswerte für die Lagekoordinaten können entweder aus den GPS-Koordinaten gewonnen oder einfach aus Karten abgegriffen werden.

4. Mit den nun bekannten Parametern können die ellipsoidischen Höhen der Neupunkte in orthometrische Höhen transformiert werden.

Es wird darauf hingewiesen, daß für die Transformation des Höhendatums über Höhenpaßpunkte keine detaillierte Kenntnis des Geoids benötigt wird. Vielmehr werden die Undulationen der Neupunkte aus den gegebenen Werten in den Paßpunkten linear interpoliert. Ist das Geoid im betrachteten Gebiet sehr unregelmäßig und liegen mehr als drei Höhenpaßpunkte vor, dann kann auch eine Fläche höherer Ordnung angesetzt werden.

Die Vorgangsweise sei noch an einem numerischen Beispiel dargestellt. Für die Paßpunkte KS, LK, SB, SK und den Neupunkt KK sind die GPS-Koordinaten bekannt, die schon im numerischen Beispiel des Abschnitts 3.5.1 angegeben wurden. Für die Paßpunkte seien nun im Landessystem nur die orthometrischen Höhen bekannt (vgl. wiederum Abschnitt 3.5.1). Daraus soll die orthometrische Höhe des Neupunktes abgeleitet werden.

Im ersten Schritt werden die GPS-Koordinaten wie im numerischen Beispiel des Abschnitts 3.5.2 mit Hilfe des Verschiebungsvektors aus Tabelle 3.2 näherungsweise in das Landessystem transformiert. Anschließend werden aus den kartesischen Raumkoordinaten die ellipsoidischen Höhen h abgeleitet und mit den Höhen im Landessystem H in Verbindung gebracht. Dazu werden die Höhen aus numerischen Gründen auf den „Höhenschwerpunkt" der Paßpunkte bezogen und in nachstehender Tabelle mit dem Index r versehen:

Punkt	$h\,[\text{m}]$	$H\,[\text{m}]$	$h_r\,[\text{m}]$	$H_r\,[\text{m}]$
KS	2 457.601	2 390.50	-69.538	-69.345
LK	2 538.360	2 471.04	11.221	11.195
SB	2 586.370	2 518.89	59.231	59.045
SK	2 526.224	2 458.95	-0.915	-0.895
KK	2 340.734		-186.405	

Unter Beachtung der Gl. (3.88), wobei eine Höhenverschiebung wegen der Einführung von Schwerpunktshöhen nicht auftritt, erhält man für die unbekannten Parameter $d\alpha_1$ und $d\alpha_2$ die Designmatrix

$$\mathbf{A} = \begin{bmatrix} -0.0802 & 1.3375 \\ 1.2313 & -1.0762 \\ -2.5757 & -0.4175 \\ 1.4246 & 0.1562 \end{bmatrix},$$

wobei für die näherungsweise benötigten Lagekoordinaten die schwerpunktsbezogenen Werte aus dem numerischen Beispiel des Abschnitts 3.5.2 verwendet und alle Koeffizienten mit dem Faktor 10^{-6} multipliziert wurden. Der zugehörige Absolutgliedvektor l lautet in Millimetern

$$\mathbf{l} = [-193, 26, 186, -20]^T.$$

Nun können die Normalgleichungen gebildet werden, wobei als Gewichtsmatrix die Einheitsmatrix gewählt wird. Die Auflösung der Normalgleichungen liefert Werte für die Unbekannten, die wegen der Multiplikation der Koeffizientenmatrix mit 10^{-6} ebenfalls mit diesem Faktor multipliziert werden müssen. Man erhält

$$d\alpha_1 = 47 \cdot 10^{-6}, \quad d\alpha_2 = 119 \cdot 10^{-6},$$

wobei die Drehwinkel im Bogenmaß angegeben sind.

Für eine Genauigkeitsaussage über die Höhentransformation werden die schwerpunktsbezogenen GPS-Höhen der Paßpunkte transformiert und mit den schwerpunktsbezogenen Höhen im Landessystem verglichen. Daraus resultieren Klaffungen, die nachstehend in Metern angegeben sind:

Punkt	Klaffung v_H
KS	0.038
LK	0.044
SB	-0.016
SK	-0.065

Aus den Klaffungen folgt ein mittlerer Höhenfehler von 89 mm, wobei die Zahl der Überbestimmungen $r = n - u = 4 - 3 = 1$ beträgt. Dieser Fehler ist außergewöhnlich groß und ist auf die Inhomogenität der Höhen des Landessystems im betrachteten Gebiet und die geringe Überbestimmung von $r = 1$ zurückzuführen. Nun wird auch der verhältnismäßig große Koordinatenfehler im Fall der dreidimensionalen Transformation verständlich, da dort die Höhen in die Berechnung eingegangen sind.

Mit den oben angegebenen Werten $d\alpha_1$, $d\alpha_2$ kann nun die GPS-Höhe des Neupunktes KK in das Landessystem transformiert werden, wobei von der auf den Schwerpunkt bezogenen Höhe ausgegangen wird. Als Ergebnis wird für den Neupunkt vorerst $H_r = -186.703\,\mathrm{m}$ erhalten, und unter Berücksichtigung der Schwerpunktshöhe ergibt sich schließlich als Ergebnis

$$H = 2\,273.142\,\mathrm{m}$$

für die Höhe des Punktes KK im Landessystem. Ein Vergleich mit der Höhe des Punktes aus der dreidimensionalen Berechung zeigt einen Unterschied von 15 mm. In Anbetracht des großen mittleren Höhenfehlers der Transformation muß diese gute Übereinstimmung jedoch als Zufall betrachtet werden.

3.6   Kombination von GPS mit terrestrischen Messungen

3.6.1   Einführung

In der bisherigen Betrachtungsweise wurden die terrestrischen und die GPS-Netze getrennt ausgeglichen bzw. das terrestrische Netz überhaupt als vorgegeben betrachtet und beide nachträglich über eine Transformation verknüpft. Es liegt aber nahe, die Beobachtungsdaten beider Verfahren in eine gemeinsame Ausgleichung einzuführen. Die hierbei auftretende Schwierigkeit ist, daß sich die GPS-Daten auf ein dreidimensionales kartesisches geozentrisches Koordinatensystem (WGS-84), die terrestrischen Beobachtungsdaten jedoch auf das nach der Lotrichtung orientierte Tangentialkoordinatensystem im jeweiligen Standpunkt beziehen. Außerdem wird eine klassische Ausgleichung meist nach Lage und Höhe getrennt ausgeführt, wobei sich die Lage auf ein Ellipsoid, die (orthometrische) Höhe aber auf das Geoid bezieht.

Um eine gemeinsame Ausgleichung durchführen zu können, muß ein einheitliches Koordinatensystem verwendet werden, in das alle Beobachtungsdaten zu transformieren sind. Theoretisch kann jedes beliebige System als Bezugssystem dienen. Da jedoch Berechnungen am einfachsten in einem kartesischen System durchzuführen sind und die Ergebnisse im Landessystem gewünscht werden, bietet sich folgendes kartesisches System an: der Ursprung liegt im Mittelpunkt des Ellipsoids der Landesvermessung, die Z-Achse fällt mit der kleinen Halbachse des Ellipsoids zusammen, die X-Achse liegt in der (ellipsoidischen) Meridianebene von Greenwich, und die Y-Achse vervollständigt das Rechtssystem. Die auf dieses System bezogenen Ortsvektoren von Punkten werden in weiterer Folge häufig auch als $\mathbf{X}_{\mathrm{LS}}$ bezeichnet, wobei der Index LS den Bezug zum Landessystem ausdrückt.

3.6.2 Darstellung der Meßgrößen

Strecken

Die funktionale Beziehung für gemessene Strecken s_{ij} ist in Gl. (3.14) angegeben. Werden für u_{ij}, v_{ij}, w_{ij}, die Komponenten von $\Delta \mathbf{x}_{ij}$, die Beziehungen aus (3.12) eingesetzt, erhält man unter Beachtung der Gln. (3.11) somit

$$
\begin{aligned}
s_{ij} &= \sqrt{u_{ij}^2 + v_{ij}^2 + w_{ij}^2} \\
&= \sqrt{(X_j - X_i)^2 + (Y_j - Y_i)^2 + (Z_j - Z_i)^2}\,.
\end{aligned}
\tag{3.100}
$$

Die zweite Form folgt natürlich auch unmittelbar aus dem Satz von Pythagoras. Mit

$$
\begin{aligned}
\Delta X_{ij} &= X_j - X_i \\
\Delta Y_{ij} &= Y_j - Y_i \\
\Delta Z_{ij} &= Z_j - Z_i
\end{aligned}
\tag{3.101}
$$

lautet die differentielle Beziehung zu obiger Gleichung

$$
ds_{ij} = \frac{\Delta X_{ij}}{s_{ij}}\,(dX_j - dX_i) + \frac{\Delta Y_{ij}}{s_{ij}}\,(dY_j - dY_i) + \frac{\Delta Z_{ij}}{s_{ij}}\,(dZ_j - dZ_i)\,.
$$

$$
\tag{3.102}
$$

Azimute

Die funktionale Beziehung für gemessene Azimute α_{ij} ist in Gl. (3.14) angegeben. Werden für u_{ij}, v_{ij} die Beziehungen aus (3.12) eingesetzt, erhält man unter Beachtung der Gln. (3.11) somit

$$
\begin{aligned}
\tan \alpha_{ij} &= \frac{v_{ij}}{u_{ij}} \\
&= \frac{-\Delta X_{ij} \sin \lambda_i + \Delta Y_{ij} \cos \lambda_i}{-\Delta X_{ij} \sin \varphi_i \cos \lambda_i - \Delta Y_{ij} \sin \varphi_i \sin \lambda_i + \Delta Z_{ij} \cos \varphi_i}\,.
\end{aligned}
$$

$$
\tag{3.103}
$$

Die differentielle Beziehung zu obiger Gleichung erhält man nach längerer Umformung als

$$d\alpha_{ij} = \frac{\sin\varphi_i \cos\lambda_i \sin\alpha_{ij} - \sin\lambda_i \cos\alpha_{ij}}{s_{ij}\sin z_{ij}}\left(dX_j - dX_i\right)$$

$$+\frac{\sin\varphi_i \sin\lambda_i \sin\alpha_{ij} + \cos\lambda_i \cos\alpha_{ij}}{s_{ij}\sin z_{ij}}\left(dY_j - dY_i\right) \tag{3.104}$$

$$-\frac{\cos\varphi_i \sin\alpha_{ij}}{s_{ij}\sin z_{ij}}\left(dZ_j - dZ_i\right)$$

$$+\cot z_{ij}\sin\alpha_{ij}\,d\varphi_i + \left(\sin\varphi_i - \cos\alpha_{ij}\cos\varphi_i\cot z_{ij}\right)d\lambda_i.$$

Richtungen

Gemessene Richtungen R_{ij} stehen mit Azimuten α_{ij} über die Orientierungsunbekannte o_i im funktionalen Zusammenhang

$$R_{ij} = \alpha_{ij} - o_i\,, \tag{3.105}$$

und es kann sofort auch die Differentialform

$$dR_{ij} = d\alpha_{ij} - do_i\,. \tag{3.106}$$

angegeben werden.

Zenitdistanzen

Die funktionale Beziehung für Zenitdistanzen z_{ij} ist in Gl. (3.14) angegeben. Werden für u_{ij}, v_{ij}, w_{ij} die Beziehungen aus (3.12) eingesetzt, erhält man unter Beachtung der Gln. (3.11) somit

$$\cos z_{ij} = \frac{w_{ij}}{s_{ij}}$$

$$= \frac{\Delta X_{ij}\cos\varphi_i\cos\lambda_i + \Delta Y_{ij}\cos\varphi_i\sin\lambda_i + \Delta Z_{ij}\sin\varphi_i}{\sqrt{\Delta X_{ij}^2 + \Delta Y_{ij}^2 + \Delta Z_{ij}^2}}, \tag{3.107}$$

wobei auch (3.100) und (3.101) für s_{ij} verwendet wurden. Die zugehörige Differentialform erhält man nach längerer Umformung als

$$dz_{ij} = \frac{\Delta X_{ij}\cos z_{ij} - s_{ij}\cos\varphi_i\cos\lambda_i}{s_{ij}^2\sin z_{ij}}\left(dX_j - dX_i\right)$$

$$+\frac{\Delta Y_{ij}\cos z_{ij} - s_{ij}\cos\varphi_i\sin\lambda_i}{s_{ij}^2\sin z_{ij}}\left(dY_j - dY_i\right) \tag{3.108}$$

$$+\frac{\Delta Z_{ij}\cos z_{ij} - s_{ij}\sin\varphi_i}{s_{ij}^2\sin z_{ij}}\left(dZ_j - dZ_i\right)$$

$$-\cos\alpha_{ij}\,d\varphi_i - \cos\varphi_i\sin\alpha_{ij}\,d\lambda_i\,.$$

Bei den Zenitdistanzen wird vorausgesetzt, daß es sich um auf die Sehne der Lichtkurve reduzierte Werte handelt. Diese Reduktion erfolgt nach der Formel

$$z_{ij} = z_{ij_{\text{gem}}} + \frac{s_{ij}}{2R}\, k\,, \tag{3.109}$$

wobei $z_{ij_{\text{gem}}}$ die gemessene Zenitdistanz, R der mittlere Erdradius und k der Refraktionskoeffizient ist. Für ihn kann entweder ein Standardwert eingesetzt werden oder er kann als zusätzliche Unbekannte (ein Wert für alle Zenitdistanzen oder ein Wert pro Gruppe von Zenitdistanzen oder pro Tag) angesetzt werden.

Ellipsoidische Höhenunterschiede

Die funktionale Beziehung für „gemessene" ellipsoidische Höhenunterschiede lautet

$$\Delta h_{ij} = h_j - h_i\,, \tag{3.110}$$

wobei sich die Höhen aus der Transformation der kartesischen Koordinaten in ellipsoidische Koordinaten nach Gl. (3.3) ergeben. Eine explizite Darstellung der Höhen durch $(X, Y, Z)_{\text{LS}}$ ist nicht möglich, aber auch nicht nötig. Die Differentiation obiger Gleichung ergibt zunächst

$$d\Delta h_{ij} = dh_j - dh_i\,, \tag{3.111}$$

und die differentiellen Höhenänderungen folgen gemäß der dritten Komponente der Gl. (3.10). Wird diese für beide Punkte in obige Gleichung eingesetzt, erhält man schließlich

$$\begin{aligned}
d\Delta h_{ij} = {} & \cos\varphi_j \cos\lambda_j\, dX_j + \cos\varphi_j \sin\lambda_j\, dY_j + \sin\varphi_j\, dZ_j \\
& - \cos\varphi_i \cos\lambda_i\, dX_i - \cos\varphi_i \sin\lambda_i\, dY_i - \sin\varphi_i\, dZ_i\,.
\end{aligned} \tag{3.112}$$

Basisvektoren

Aus GPS-Messungen folgen Basisvektoren $\Delta\mathbf{X}_{ij_{(\text{GPS})}} = \mathbf{X}_{j_{(\text{GPS})}} - \mathbf{X}_{i_{(\text{GPS})}}$, die im System WGS-84 vorliegen. Die Vektoren $\mathbf{X}_{i_{(\text{GPS})}}$ und $\mathbf{X}_{j_{(\text{GPS})}}$ können über eine dreidimensionale Ähnlichkeitstransformation in das Landessystem übergeführt werden, vgl. Abschnitt 3.3.2. Nach (3.54) gilt

$$\mathbf{X}_{\text{LS}} = \mathbf{c} + \mu\, \mathbf{R}\, \mathbf{X}_{\text{GPS}}\,, \tag{3.113}$$

wobei die auftretenden Größen die nachfolgende Bedeutung haben:

$\mathbf{X}_{\mathrm{LS}}$ ...   Ortsvektor im Landessystem
$\mathbf{X}_{\mathrm{GPS}}$ ...   Ortsvektor im WGS-84
$\mathbf{c}$ ...   Verschiebungsvektor
$\mathbf{R}$ ...   Drehmatrix
μ ...   Maßstabsfaktor.

Geht man auf die Differenz zweier Ortsvektoren, das heißt auf den Basisvektor $\Delta\mathbf{X}_{ij}$ über, dann wird der Verschiebungsvektor $\mathbf{c}$ eliminiert. Die zu Gl. (3.113) analoge Beziehung lautet daher

$$\Delta\mathbf{X}_{ij_{(\mathrm{LS})}} = \mu\,\mathbf{R}\,\Delta\mathbf{X}_{ij_{(\mathrm{GPS})}}\,. \tag{3.114}$$

Die Linearisierung der rechten Seite gibt analog Gl. (3.63)

$$\Delta\mathbf{X}_{ij_{(\mathrm{LS})}} = \Delta\mathbf{X}_{ij_{(\mathrm{GPS})}} + \mathbf{U}_{ij}\,d\mathbf{u}\,, \tag{3.115}$$

wobei der Vektor $d\mathbf{u}$ und die Designmatrix $\mathbf{U}_{ij}$ nun folgendes Aussehen haben:

$$d\mathbf{u} = [d\mu,\, d\alpha_1,\, d\alpha_2,\, d\alpha_3]^T$$

$$\mathbf{U}_{ij} = \begin{bmatrix} \Delta X_{ij} & 0 & -\Delta Z_{ij} & \Delta Y_{ij} \\ \Delta Y_{ij} & \Delta Z_{ij} & 0 & -\Delta X_{ij} \\ \Delta Z_{ij} & -\Delta Y_{ij} & \Delta X_{ij} & 0 \end{bmatrix}_{\mathrm{GPS}}\,. \tag{3.116}$$

Hingewiesen wird, daß sich die differentiellen Drehungen $d\alpha_i$ auf die Achsen des Ausgangssystems, also auf WGS-84 beziehen. Sollen sie sich auf die Achsen des Landessystems beziehen, dann ist das Vorzeichen der differentiellen Drehungen zu ändern. Dies führt zu einem Vorzeichenwechsel in den Elementen der letzten drei Spalten der Matrix $\mathbf{U}_{ij}$.

Der Vektor $\Delta\mathbf{X}_{ij_{(\mathrm{LS})}}$ auf der linken Seite von (3.115) enthält die Punkte $\mathbf{X}_i$ und $\mathbf{X}_j$ im Landessystem. Sind diese unbekannt, dann müssen sie durch

$$\mathbf{X}_i = (\mathbf{X}_i) + d\mathbf{X}_i$$
$$\mathbf{X}_j = (\mathbf{X}_j) + d\mathbf{X}_j \tag{3.117}$$

ersetzt werden.

Der Vektor $\Delta\mathbf{X}_{ij_{(\mathrm{GPS})}}$ in (3.115) stellt die Meßgröße dar, die verbessert werden muß. Somit wird schließlich die Verbesserungsgleichung

$$\mathbf{v}_{\Delta X_{ij}} = d\mathbf{X}_j - d\mathbf{X}_i - \mathbf{U}_{ij}\,d\mathbf{u} + (\Delta\mathbf{X}_{ij_{(\mathrm{LS})}}) - \Delta\mathbf{X}_{ij_{(\mathrm{GPS})}} \tag{3.118}$$

erhalten.

3.6.3 Ausgleichung

Aus dem allgemeinen Ansatz (3.23) und (3.17) folgen die Verbesserungsgleichungen für die Meßgrößen m mit

$$m + v = (m) + dm, \tag{3.119}$$

wobei die genäherten Meßwerte (m) über die funktionalen Beziehungen unter Verwendung von Näherungswerten $(\mathbf{X})_{LS}$ berechnet werden müssen. Die Gesamtheit aller Verbesserungsgleichungen gibt die Designmatrix $\mathbf{A}$ und den Absolutgliedvektor $\mathbf{l}$.

Die Gewichte für die Ausgleichung werden wie üblich nach

$$p = \frac{c}{\sigma_i^2} \tag{3.120}$$

berechnet. Darin bedeuten σ_i die mittleren Fehler der Meßgrößen und c eine frei wählbare Konstante. Diese Gewichte werden in der Gewichtsmatrix $\mathbf{P}$ zusammengefaßt. Wenn die Meßgrößen unkorreliert sind, ist diese eine Diagonalmatrix. Für die terrestrischen Größen kann dies im allgemeinen vorausgesetzt werden, jedoch nicht für die GPS-Vektoren. Sollen deren Korrelationen berücksichtigt werden, ist bei der Aufstellung der „Gewichtsmatrix" analog zum dritten Beispiel des Abschnitts 3.4.3 vorzugehen. Ein immer noch diskutiertes Problem ist die Relation der Gewichte der terrestrischen und der GPS-Messungen.

Als Unbekannte treten die Koordinatenzuschläge $d\mathbf{X}$ der Neupunkte im Landessystem, je eine Orientierungsunbekannte für jeden gemessenen Richtungssatz, eventuell ein oder mehrere Refraktionskoeffizienten für die Zenitdistanzmessungen und die Transformationsparameter für die GPS-Basisvektoren auf.

Die Aufstellung der Normalgleichungen, die Auflösung des Systems und die Fehlerrechnung erfolgen in der üblichen Form. Als Ergebnis liegen unter anderem die Zuschläge $d\mathbf{X}$ zu den Näherungskoordinaten $(\mathbf{X})_{LS}$ und die zugehörige Varianz-Kovarianzmatrix $\mathbf{Q}_{XX}$ vor. Die gesuchten Koordinaten der Punkte im Landessystem ergeben sich aus

$$\mathbf{X}_{LS} = (\mathbf{X})_{LS} + d\mathbf{X} \tag{3.121}$$

und können dann in ellipsoidische Koordinaten oder Koordinaten in der Ebene umgerechnet werden.

Die Fehler der Lagekoordinaten und der Höhe folgen über das Fehlerfortpflanzungsgesetz. Wird dieses auf die Gl. (3.10) angewendet, erhält man

$$\mathbf{Q}_{xx} = \mathbf{D}^T \mathbf{Q}_{XX} \, \mathbf{D}. \tag{3.122}$$

Die Matrix $\mathbf{Q}_{xx}$ enthält wieder die gesamte Fehlerinformation über den Punkt, jetzt aber im örtlichen Tangentialkoordinatensystem des Punktes. Diese kann man in guter Näherung der Fehlerinformation nach der Abbildung in die Ebene gleichsetzen. Die Matrix $\mathbf{Q}_{xx}$ stellt daher auch die Fehlerinformation für das Landessystem $(x, y, h)_{\text{LS}}$ dar. Dabei treten neben der auch bei der klassischen terrestrischen Ausgleichung vorhandenen Korrelation zwischen den Koordinaten x und y noch Korrelationen zwischen den Lagekoordinaten und der Höhe auf, die bei der klassischen terrestrischen Ausgleichung durch die Trennung von Lage und Höhe nicht existieren. Es könnte also statt der Fehlerellipse für die Lage ein Fehlerellipsoid berechnet werden.

Als Alternative zur vorgestellten dreidimensionalen Kombination von terrestrischen und GPS-Daten kann man aus den durch GPS bestimmten Basisvektoren mittels der im Abschnitt 3.1.2 angegebenen Beziehungen Raumstrecken s_{ij} und Azimute α_{ij} ableiten. Diese können dann in eine zweidimensionale Ausgleichung einfließen. Hierfür ist an die Raumstrecke zwischen den Punkten P_i und P_j noch die Reduktion wegen der Höhen von Stand- und Zielpunkt sowie die Korrektion wegen der Abbildung in die Rechenebene anzubringen. Werden bei der Berechnung des Azimutes in die Drehmatrix $\mathbf{D}$ die ellipsoidischen Werte für φ und λ eingesetzt, erhält man ein ellipsoidisches Azimut, das noch entsprechend der verwendeten Abbildung in die Ebene zu reduzieren ist. Da die Achsen des Landessystems nicht exakt parallel zu den Achsen des WGS-84 liegen, treten Abweichungen in den Bezugsrichtungen auf. Diese müßten durch eine Reduktion analog zur Reduktion von Azimuten wegen Lotabweichungen bei der zweidimensionalen Berechnung berücksichtigt werden. Die letzten beiden Terme von (3.104) setzen sich aus einem nur standpunktsabhängigen Anteil wegen der Meridiankonvergenz und einem stand- und zielpunktsabhängigen Anteil wegen der Lotabweichung zusammen. Der Einfluß der Lotabweichung verschwindet bei flachen Visuren und kann daher im allgemeinen vernachlässigt werden. Der Anteil zufolge der Meridiankonvergenz kann durch Ansatz einer Orientierungsunbekannten berücksichtigt werden. Für ein kleines Gebiet genügt sogar eine einzige gemeinsame Orientierungsunbekannte für alle Azimute.

3.6.4 Numerisches Beispiel

Das kombinierte Netz besteht aus den Festpunkten KS, LK, SB und dem Neupunkt KK. Für die Festpunkte sind die Landeskoordinaten x, y, H gegeben:

Punkt	Landessystem		
	x [m]	y [m]	H [m]
KS	5 239 488.54	23 423.98	2 390.50
LK	5 237 074.80	22 112.38	2 471.04
SB	5 237 733.43	25 919.32	2 518.89

Damit können auch die ellipsoidischen Koordinaten φ, λ und, bei Kenntnis des Geoids, die ellipsoidische Höhe h sowie die kartesischen Koordinaten X, Y, Z im Landessystem berechnet werden. Beim nachfolgenden Beispiel wurden allerdings die ellipsoidischen den orthometrischen Höhen gleichgesetzt, also keine Undulationen angebracht.

Zur Bestimmung des Neupunktes KK wurden folgende Größen terrestrisch gemessen:

Meßgröße	von – nach	Wert
Strecken	SB – KK	1 087.722 m
	LK – KK	3 897.440 m
Richtungen	SB – KK	0.0000^{g}
	SB – LK	92.9182^{g}
	SB – KS	142.8439^{g}
Zenitdistanzen	SB – KK	114.5092^{g}
	LK – KK	103.2494^{g}
Ellipsoidische	LK – KK	-197.870 m
Höhenunterschiede	SB – KK	-245.785 m

Mittels GPS wurden die folgenden zwei Basisvektoren gemessen:

Basisvektor	ΔX [m]	ΔY [m]	ΔZ [m]
SB – KK	579.297	201.660	−898.280
LK – KK	−747.852	3 801.192	−426.417

Die Situierung der Punkte ist in Fig. 3.6 dargestellt.

Zur Aufstellung der Verbesserungsgleichungen wird von den in Metern angegebenen Näherungskoordinaten für den Neupunkt KK

$$(\mathbf{X}) = \begin{bmatrix} X \\ Y \\ Z \end{bmatrix} = \begin{bmatrix} 4\,213\,816.219 \\ 1\,025\,404.852 \\ 4\,663\,306.274 \end{bmatrix}$$

ausgegangen, und die gesuchten Koordinatenzuschläge werden mit $d\mathbf{X}$ bezeichnet. Die Verbesserungsgleichungen basieren gemäß Gl. (3.119) auf dem Ansatz

$$v = dm + (m) - m,$$

wobei mit m der Meßwert, mit v seine Verbesserung, mit (m) eine mit Hilfe der Näherungskoordinaten berechnete Näherung für den Meßwert und mit dm dessen differentieller Zuschlag bezeichnet sind. Für die numerische Berechnung werden die Dimensionen Millimeter bzw. Neusekunden (0.1 Milligon) gewählt.

Die Verbesserungsgleichungen für die Strecken ergeben sich, wenn die Näherungswerte nach (3.100) und die differentiellen Zuschläge nach (3.102) berechnet werden. Damit lautet das Ergebnis

$$\begin{aligned}
v_1 &= 0.533\,dX + 0.185\,dY - 0.826\,dZ + 13 \\
v_2 &= -0.192\,dX + 0.975\,dY - 0.110\,dZ + 34\,.
\end{aligned}$$

Die Verbesserungsgleichungen für die Richtungen ergeben sich, wenn die Näherungswerte nach Gl. (3.105) und die differentiellen Zuschläge nach Gl. (3.106) berechnet werden. Die hierzu benötigten Näherungen für die Azimute folgen aus Gl. (3.103), die differentiellen Zuschläge aus (3.104), und für die Orientierungsunbekannte wurde der Näherungswert $(o) = 196.4541^g$ eingesetzt. Da der Neupunkt nur in der ersten Richtung vorkommt, lautet das Ergebnis

$$\begin{aligned}
v_3 &= 0.166\,dX - 0.578\,dY - 0.023\,dZ - do + 0 \\
v_4 &= - do + 13 \\
v_5 &= - do + 49\,,
\end{aligned}$$

wobei auf einen Ansatz der Unbekannten $d\varphi$ und $d\lambda$ verzichtet wurde.

Die Verbesserungsgleichungen für die Zenitdistanzen ergeben sich, wenn man die Näherungswerte nach (3.107) und die differentiellen Zuschläge nach (3.108) berechnet. Für die Reduktion der gemessenen Zenitdistanzen auf die Zenitdistanz der Raumsehnen nach (3.109) wird der Refraktionskoeffizient k als zusätzliche Unbekannte angesetzt. Angemerkt wird jedoch, daß die Einführung eines Standardwertes ($k = 0.13$ bis 0.16) meist bessere Ergebnisse bringt. Werden die Koeffizienten der Unbekannten k noch mit 10^{-2} multipliziert, dann lautet das Ergebnis

$$\begin{aligned}
v_6 &= -0.471\,dX - 0.122\,dY - 0.329\,dZ - 0.543\,k - 12 \\
v_7 &= -0.106\,dX - 0.034\,dY - 0.119\,dZ - 1.945\,k + 24\,,
\end{aligned}$$

wobei wiederum die Unbekannten $d\varphi$ und $d\lambda$ nicht angesetzt wurden.

Die Verbesserungsgleichungen für die Höhenunterschiede ergeben sich, wenn die Näherungswerte nach (3.110) und die differentiellen Zuschläge nach (3.111) bzw. (3.112) berechnet werden. Der Näherungswert für die ellipsoidische Höhe des Neupunktes wird aus der Transformation der gegebenen kartesischen Näherungskoordinaten in ellipsoidische Koordinaten gewonnen. Die Verbesserungsgleichungen lauten

$$v_8 = 0.659\,dX + 0.160\,dY + 0.735\,dZ +\ \ \ 63$$
$$v_9 = 0.659\,dX + 0.160\,dY + 0.735\,dZ + 128\,.$$

Die Verbesserungsgleichungen für die Komponenten der Basisvektoren erhält man gemäß Gl. (3.118). Nach Multiplikation der Koeffizienten für die Unbekannten $d\mu$, $d\alpha_1$, $d\alpha_2$, $d\alpha_3$ mit dem Faktor 10^{-6} lauten die Verbesserungsgleichungen schließlich

$$v_{10} = dX - 0.579\,d\mu - 0.898\,d\alpha_2 - 0.202\,d\alpha_3 -\ \ 28$$
$$v_{11} = dY - 0.202\,d\mu + 0.898\,d\alpha_1 + 0.579\,d\alpha_3 +\ \ \ \ 3$$
$$v_{12} = dZ + 0.898\,d\mu + 0.202\,d\alpha_1 - 0.579\,d\alpha_2 -\ \ 22$$

$$v_{13} = dX + 0.748\,d\mu - 0.426\,d\alpha_2 - 3.801\,d\alpha_3 -\ \ 43$$
$$v_{14} = dY - 3.801\,d\mu + 0.426\,d\alpha_1 - 0.748\,d\alpha_3 -\ \ 16$$
$$v_{15} = dZ + 0.426\,d\mu + 3.801\,d\alpha_1 + 0.748\,d\alpha_2 - 219\,.$$

Die Koeffizienten in den Verbesserungsgleichungen bilden die Designmatrix für die Ausgleichung der Meßgrößen.

Die angenommenen mittleren Fehler der Meßgrößen und die daraus nach Gl. (3.120) mit $c = 25$ berechneten Gewichte sind nachfolgend zusammengestellt:

Meßgröße	Mittlerer Fehler	Gewicht
Strecken	$\pm(3\,\text{mm} + 1\,\text{mm/km})$	1.496 bzw. 0.526
Richtungen	$\pm 5^{\text{cc}}$	1.000
Zenitdistanzen	$\pm 10^{\text{cc}}$	0.250
Höhenunterschiede	$\pm 25\,\text{mm}$	0.040
GPS-Komponenten	$\pm 5\,\text{mm}$ (unkorreliert)	1.000

Mit obigen Annahmen ist die Gewichtsmatrix nur in der Diagonale besetzt. Nach Aufstellung und Inversion der Normalgleichungen erhält man für die Unbekannten die Werte

$$dX = -50\,\text{mm} \qquad dY = -62\,\text{mm} \qquad dZ = -31\,\text{mm}$$
$$do = +30^{\text{cc}} \qquad k = +0.205 \qquad d\mu = -\,8 \cdot 10^{-6}$$
$$d\alpha_1 = +81 \cdot 10^{-6} \qquad d\alpha_2 = -75 \cdot 10^{-6} \qquad d\alpha_3 = -18 \cdot 10^{-6}\,,$$

wobei die Skalierungen bei den Unbekannten k, $d\mu$, $d\alpha_1$, $d\alpha_2$, $d\alpha_3$ bereits berücksichtigt sind. Die Drehwinkel sind im Bogenmaß ausgedrückt.

Die Verbesserungen folgen aus den oben angegebenen Verbesserungsgleichungen und lauten für die einzelnen Meßgrößen:

Meßgröße	von − nach	v
Strecken	SB − KK	0 mm
	LK − KK	−13 mm
Richtungen	SB − KK	-2^{cc}
	SB − LK	-17^{cc}
	SB − KS	19^{cc}
Zenitdistanzen	SB − KK	18^{cc}
	LK − KK	-5^{cc}
Ellipsoidische	LK − KK	−2 mm
Höhenunterschiede	SB − KK	63 mm

Basisvektor	$v_{\Delta X}$	$v_{\Delta Y}$	$v_{\Delta Z}$
SB − KK	−2 mm	6 mm	0 mm
LK − KK	1 mm	0 mm	−1 mm

Mit den Zuschlägen $d\mathbf{X}$ können die ausgeglichenen kartesischen Koordinaten des Neupunktes im Landessystem aus $\mathbf{X} = (\mathbf{X}) + d\mathbf{X}$ berechnet werden. Aus diesen folgen auch die ellipsoidischen Koordinaten und weiters die Gauß-Krüger-Koordinaten und die orthometrische Höhe. Die Einzelergebnisse sind nachstehend zusammengefaßt:

Koordinaten des Neupunktes KK im Landessystem		
X, Y, Z	4 213 816.170	1 025 404.790	4 663 306.244
φ, λ, h	47°16′08.3837″	13°40′36.2302″	2 273.168
x, y, H	5 236 676.125	25 982.885	2 273.168

Aus den Verbesserungen und mit der Überbestimmung $r = n - u = 15 - 9 = 6$ folgt der Gewichtseinheitsfehler $m_0 = 13$, und die Fehler der kartesischen Koordinaten des Neupunktes erhält man aus

$$m_X = m_0\sqrt{Q_{XX}}, \quad m_Y = m_0\sqrt{Q_{YY}}, \quad m_Z = m_0\sqrt{Q_{ZZ}},$$

wobei Q_{XX}, Q_{YY}, Q_{ZZ} die zu den Unbekannten dX, dY, dZ gehörenden Diagonalglieder der $\mathbf{Q}$-Matrix sind. Damit ergibt sich

$$m_X = \pm 28\,\text{mm}, \quad m_Y = \pm 12\,\text{mm}, \quad m_Z = \pm 20\,\text{mm}.$$

Die Fehler bezogen auf das Tangentialkoordinatensystem im Neupunkt folgen nach Gl. (3.122), wobei die Matrix $\mathbf{D}^T$ durch

$$\mathbf{D}^T = \begin{bmatrix} -0.7137 & -0.1737 & 0.6786 \\ -0.2364 & 0.9716 & 0.0000 \\ 0.6593 & 0.1604 & 0.7345 \end{bmatrix}$$

gegeben ist. Daraus ergeben sich für die Tangentialkoordinaten die mittleren
Fehler

$$m_x = \pm 12\,\text{mm}, \quad m_y = \pm 10\,\text{mm}, \quad m_h = \pm 34\,\text{mm},$$

welche mit genügender Genauigkeit den Fehlern der Gauß-Krüger-Koordinaten und der orthometrischen Höhe gleichgesetzt werden dürfen.

Anhang 1: Ellipsoide

A1.1 Bessel-Ellipsoid

Als Ausgangsparameter wurden die zehnstelligen dekadischen Logarithmen
der Halbachsen a und b mit folgenden Zahlenwerten vereinbart:

$$\lg a = 6.804\,643\,4637 \quad \text{(exakt)}$$
$$\lg b = 6.803\,189\,2839 \quad \text{(exakt)}.$$

Aus dieser Definition kann man folgende Zahlenwerte ableiten:

Beziehung	Zahlenwert
	$a \ = 6\,377\,397.155\,08$ m $b \ = 6\,356\,078.962\,90$ m
$e^2 = \dfrac{a^2 - b^2}{a^2}$	$e^2 \ = 6.674\,372\,231\,15 \cdot 10^{-3}$
$e'^2 = \dfrac{a^2 - b^2}{b^2}$	$e'^2 = 6.719\,218\,798\,52 \cdot 10^{-3}$
$f \ = \dfrac{a - b}{a}$	$f \ = 3.342\,773\,181\,85 \cdot 10^{-3}$
$n \ = \dfrac{a - b}{a + b}$	$n \ = 1.674\,184\,800\,95 \cdot 10^{-3}$

$$(A1.1)$$

Um die Fortpflanzung von Rundungsfehlern zu vermeiden, wurden für die
Berechnung von e^2, e'^2, f und n nur Beziehungen, die ausschließlich von den
Parametern a und b abhängen, verwendet. Dabei wurden für die beiden
Halbachsen nicht die definierten, sondern die in der Tabelle angegebenen
(gerundeten) Werte eingesetzt.

A1.2 Internationales Ellipsoid (Hayford-Ellipsoid)

Im Jahr 1924 wurde von der Internationalen Union für Geodäsie und Geophysik (IUGG) dieses Ellipsoid als Internationales Ellipsoid angenommen.
Als Ausgangsparameter wurden die große Halbachse a und die Abplattung

f mit folgenden Zahlenwerten vereinbart:

$$a = 6\,378\,388 \text{ m} \quad (\text{exakt})$$

$$f = 1/297 \quad (\text{exakt}).$$

Aus dieser Definition kann man folgende Zahlenwerte ableiten:

Beziehung	Zahlenwert
	$a\ = 6\,378\,388.000\,00$ m $f\ = 3.367\,003\,367\,00 \cdot 10^{-3}$
$b\ = a\,(1-f)$	$b\ = 6\,356\,911.946\,13$ m
$e^2\ = 2f - f^2$	$e^2\ = 6.722\,670\,022\,33 \cdot 10^{-3}$
$e'^2 = \dfrac{f\,(2-f)}{(1-f)^2}$	$e'^2 = 6.768\,170\,197\,22 \cdot 10^{-3}$
$n\ = \dfrac{f}{2-f}$	$n\ = 1.686\,340\,640\,81 \cdot 10^{-3}$

$$(\text{A1.2})$$

Um die Fortpflanzung von Rundungsfehlern zu vermeiden, wurden für die Berechnung von b, e^2, e'^2 und n nur Beziehungen, die ausschließlich von den definierten Parametern a und f abhängen, verwendet.

A1.3   Krassowsky-Ellipsoid

Als Ausgangsparameter wurden die große Halbachse a und die Abplattung f mit folgenden Zahlenwerten vereinbart:

$$a = 6\,378\,245 \text{ m} \quad (\text{exakt})$$

$$f = 1/298.3 \quad (\text{exakt}).$$

Aus dieser Definition kann man folgende Zahlenwerte ableiten:

Beziehung	Zahlenwert
	$a\ = 6\,378\,245.000\,00$ m $f\ = 3.352\,329\,869\,26 \cdot 10^{-3}$
$b\ = a\,(1-f)$	$b\ = 6\,356\,863.018\,77$ m
$e^2\ = 2f - f^2$	$e^2\ = 6.693\,421\,622\,97 \cdot 10^{-3}$
$e'^2 = \dfrac{f\,(2-f)}{(1-f)^2}$	$e'^2 = 6.738\,525\,414\,68 \cdot 10^{-3}$
$n\ = \dfrac{f}{2-f}$	$n\ = 1.678\,979\,180\,66 \cdot 10^{-3}$

$$(\text{A1.3})$$

Um die Fortpflanzung von Rundungsfehlern zu vermeiden, wurden für die Berechnung von b, e^2, e'^2 und n nur Beziehungen, die ausschließlich von den definierten Parametern a und f abhängen, verwendet.

A1.4 Geodätisches Referenzsystem 1980 (GRS-80)

Im Jahr 1979 wurden von der Internationalen Union für Geodäsie und Geophysik (IUGG) die Werte

$$a \quad = 6\,378\,137 \text{ m} \qquad \text{(exakt)}$$

$$GM = 3\,986\,005 \cdot 10^8 \text{ m}^3\,\text{s}^{-2} \qquad \text{(exakt)}$$

$$J_2 \quad = 108\,263 \cdot 10^{-8} \qquad \text{(exakt)}$$

$$\omega \quad = 7\,292\,115 \cdot 10^{-11} \text{ rad}\,\text{s}^{-1} \quad \text{(exakt)}$$

definiert, wobei a die große Halbachse des Referenzellipsoids, GM die geozentrische Gravitationskonstante, J_2 den dynamischen Formfaktor und ω die mittlere Erdrotationsgeschwindigkeit bedeuten. Aus diesen Definitionen kann man folgende Zahlenwerte ableiten:

Beziehung	Zahlenwert
	$a \quad = 6\,378\,137.000\,00$ m $GM = 3\,986\,005 \cdot 10^8$ m^3 s^{-2} $J_2 \quad = 108\,263 \cdot 10^{-8}$ $\omega \quad = 7\,292\,115 \cdot 10^{-11}$ rad s^{-1}
e^2 iterativ aus a, GM, J_2, ω	$e^2 \quad = 6.694\,380\,022\,90 \cdot 10^{-3}$
$e'^2 = \dfrac{e^2}{1 - e^2}$	$e'^2 \quad = 6.739\,496\,775\,48 \cdot 10^{-3}$
$b \quad = a\sqrt{1 - e^2}$	$b \quad = 6\,356\,752.314\,14$ m
$f \quad = \dfrac{a - b}{a}$	$f \quad = 3.352\,810\,681\,18 \cdot 10^{-3}$
$n \quad = \dfrac{a - b}{a + b}$	$n \quad = 1.679\,220\,394\,63 \cdot 10^{-3}$

$$(\text{A1.4})$$

A1.5 World Geodetic System 1984 (WGS-84)

Dem World Geodetic System 1984 (WGS-84) liegt ein geozentrisches Niveauellipsoid, das durch die große Halbachse a, die geozentrische Gravitationskonstante GM, den normalisierten Kugelfunktionskoeffizienten $\bar{C}_{2,0}$ des Schwerepotentials und die mittlere Erdrotationsgeschwindigkeit ω definiert ist, zugrunde. Die Zahlenwerte dieser Parameter wurden mit

$$
\begin{aligned}
a &= 6\,378\,137 \text{ m} &\text{(exakt)}\\
GM &= 3\,986\,005 \cdot 10^8 \text{ m}^3\,\text{s}^{-2} &\text{(exakt)}\\
\bar{C}_{2,0} &= -484.166\,85 \cdot 10^{-6} &\text{(exakt)}\\
\omega &= 7\,292\,115 \cdot 10^{-11} \text{ rad s}^{-1} &\text{(exakt)}
\end{aligned}
$$

festgelegt. Wie aus dem Vergleich mit dem GRS-80 zu sehen ist, wurden für a, GM, ω dieselben Werte definiert. Die Relation zwischen dem dynamischen Formfaktor J_2, der als vierter Parameter beim GRS-80 festgelegt wurde, und dem normalisierten Kugelfunktionskoeffizienten $\bar{C}_{2,0}$ ist mit $\bar{C}_{2,0} = -J_2/\sqrt{5}$ gegeben. Aus dieser Beziehung wurde allerdings $\bar{C}_{2,0}$ mit acht signifikanten Ziffern festgelegt, während J_2 für das GRS-80 nur mit sechs signifikanten Ziffern definiert ist. Daher sind auch die aus den Ausgangsparametern abgeleiteten Größen unterschiedlich:

Beziehung	Zahlenwert
	$a\ = 6\,378\,137.000\,00$ m $GM = 3\,986\,005 \cdot 10^8$ m^{3}s^{-2} $\bar{C}_{2,0} = -484.166\,85 \cdot 10^{-6}$ $\omega\ = 7\,292\,115 \cdot 10^{-11}$ rad s^{-1}
$J_2 = -\sqrt{5}\,\bar{C}_{2,0}$	$J_2\ = 108\,262.998\,905 \cdot 10^{-8}$
e^2 iterativ aus a, GM, J_2, ω	$e^2\ = 6.694\,379\,990\,13 \cdot 10^{-3}$
$e'^2 = \dfrac{e^2}{1-e^2}$	$e'^2\ = 6.739\,496\,742\,26 \cdot 10^{-3}$
$b\ = a\sqrt{1-e^2}$	$b\ = 6\,356\,752.314\,25$ m
$f\ = \dfrac{a-b}{a}$	$f\ = 3.352\,810\,664\,74 \cdot 10^{-3}$
$n\ = \dfrac{a-b}{a+b}$	$n\ = 1.679\,220\,386\,38 \cdot 10^{-3}$

$$(A1.5)$$

Anhang 2: Abbildungen Ellipsoid ↔ Ebene

A2.1 Meridianbogenaufgaben

Bei den Abbildungen zwischen Ellipsoid und Ebene treten mehrfach zwei Aufgaben auf. Es sind dies die Berechnung der Meridianbogenlänge für eine gegebene Breite und die Umkehrung dieses Problems. Daher werden die Lösungen für diese beiden Aufgaben den eigentlichen Abbildungen vorangestellt.

Meridianbogenlänge $B(\varphi)$ aus der Breite φ

Die Meridianbogenlänge $B(\varphi)$ vom Äquator bis zur Breite φ kann mit Hilfe der Reihe

$$B(\varphi) = \alpha \left[\varphi + \beta \sin 2\varphi + \gamma \sin 4\varphi + \delta \sin 6\varphi + \varepsilon \sin 8\varphi + \ldots \right] \qquad \text{(A2.1)}$$

berechnet werden, wobei die Koeffizienten durch

$$\begin{aligned}
\alpha &= \frac{a+b}{2} \left(1 + \frac{1}{4} n^2 + \frac{1}{64} n^4 + \ldots \right) \\[2mm]
\beta &= -\frac{3}{2} n + \frac{9}{16} n^3 - \frac{3}{32} n^5 + \ldots \\[2mm]
\gamma &= \frac{15}{16} n^2 - \frac{15}{32} n^4 + \ldots \\[2mm]
\delta &= -\frac{35}{48} n^3 + \frac{105}{256} n^5 - \ldots \\[2mm]
\varepsilon &= \frac{315}{512} n^4 + \ldots
\end{aligned} \qquad \text{(A2.2)}$$

mit

$$n = \frac{a-b}{a+b} \qquad \text{(A2.3)}$$

definiert sind. Das Ergebnis wird in der Dimension Meter erhalten, wenn die Halbachsen a und b des Ellipsoids ebenfalls in Metern und φ im ersten Term der Reihenentwicklung in Gl. (A2.1) im Bogenmaß eingeführt wird.

Die Berechnung der Meridianbogenlänge kann als Spezialfall der Zweiten Geodätischen Hauptaufgabe gesehen und im Prinzip natürlich auch mit den entsprechenden Formeln berechnet werden.

Beispiel

Es soll, bezogen auf das Bessel-Ellipsoid, die Meridianbogenlänge vom Äquator bis zur geographischen Breite $\varphi = 47°07'10.195\,50''$ berechnet werden.

Für das Bessel-Ellipsoid ergeben sich nach (A2.2) mit den numerischen Werten für a, b und n aus Anhang 1 (A1.1) die folgenden Koeffizienten der Reihenentwicklung (A2.1)

$$\begin{aligned}
\alpha &= \;\;\; 6\,366\,742.5203 \text{ m} \\
\beta &= -2.511\,274\,56 \cdot 10^{-3} \\
\gamma &= \;\;\; 2.627\,71 \cdot 10^{-6} \\
\delta &= -3.42 \cdot 10^{-9} \\
\varepsilon &= \;\;\; 5 \cdot 10^{-12} ,
\end{aligned}$$

$$(A2.4)$$

und als Ergebnis wird schließlich

$$B(\varphi) = 5\,220\,000.552 \text{ m}$$

erhalten.

Breite φ aus der Meridianbogenlänge $B(\varphi)$

Hier handelt es sich um die Umkehrung zur vorigen Aufgabenstellung. Aus einer gegebenen Meridianbogenlänge $B(\varphi)$ soll die zugehörige Breite φ berechnet werden. Die Lösung ist durch die Reihe

$$\varphi = \bar{\varphi} + \bar{\beta} \sin 2\bar{\varphi} + \bar{\gamma} \sin 4\bar{\varphi} + \bar{\delta} \sin 6\bar{\varphi} + \bar{\varepsilon} \sin 8\bar{\varphi} + \ldots \qquad (A2.5)$$

gegeben, wobei

$$\bar{\varphi} = \frac{B(\varphi)}{\bar{\alpha}} \qquad (A2.6)$$

eingeführt wurde. Die Koeffizienten sind durch

$$\bar{\alpha} = \frac{a+b}{2}\left(1 + \frac{1}{4}n^2 + \frac{1}{64}n^4 + \ldots\right)$$

$$\bar{\beta} = \frac{3}{2}n - \frac{27}{32}n^3 + \frac{269}{512}n^5 + \ldots$$

$$\bar{\gamma} = \frac{21}{16}n^2 - \frac{55}{32}n^4 + \ldots \tag{A2.7}$$

$$\bar{\delta} = \frac{151}{96}n^3 - \frac{417}{128}n^5 + \ldots$$

$$\bar{\varepsilon} = \frac{1097}{512}n^4 + \ldots$$

definiert, wobei n mit (A2.3) berechnet werden kann. Der Koeffizient $\bar{\alpha}$ ist übrigens identisch mit dem Koeffizienten α aus (A2.2). Das Ergebnis wird im Bogenmaß erhalten, wenn die Halbachsen des Ellipsoids und die Meridianbogenlänge in Metern eingeführt werden.

Die Berechnung der Breite φ aus einer gegebenen Meridianbogenlänge $B(\varphi)$ kann als Spezialfall der Ersten Geodätischen Hauptaufgabe gesehen und im Prinzip natürlich auch mit den entsprechenden Formeln berechnet werden.

Beispiel

Es soll, bezogen auf das Bessel-Ellipsoid, die Breite φ berechnet werden, die zur Meridianbogenlänge $B(\varphi) = 5\,220\,000.552\,\mathrm{m}$ führt.

Für das Bessel-Ellipsoid ergeben sich nach (A2.7) mit den numerischen Werten für a, b und n aus Anhang 1 (A1.1) die folgenden Koeffizienten der Reihenentwicklung (A2.5)

$$\bar{\alpha} = 6\,366\,742.5203 \ \mathrm{m}$$

$$\bar{\beta} = 2.511\,273\,24 \cdot 10^{-3}$$

$$\bar{\gamma} = 3.678\,79 \cdot 10^{-6} \tag{A2.8}$$

$$\bar{\delta} = 7.38 \cdot 10^{-9}$$

$$\bar{\varepsilon} = 17 \cdot 10^{-12},$$

und nach Einsetzen der Werte in (A2.5) und nach Umrechnung vom Bogenmaß in das Gradmaß wird schließlich das Ergebnis

$$\varphi = 47°07'10.195\,50''$$

erhalten.

A2.2   Gauß-Krüger-Abbildung (Transversale Mercator-Abbildung)

Die Gauß-Krüger- oder Transversale Mercator-Abbildung ist durch folgende Merkmale charakterisiert:

- Konforme, also winkeltreue, Abbildung des Ellipsoids in die Ebene.

- Längentreue Abbildung eines Grund- oder Hauptmeridians in die Abszissenachse des Koordinatensystems in der Ebene.

Auf dem Ellipsoid werden Meridianstreifen mit einer Längenausdehnung von im allgemeinen 3° eingeführt, wobei der Grundmeridian die Streifenmitte bildet. Jeder Meridianstreifen wird an beiden Rändern um je 0.5° erweitert, wodurch ein Gebiet von einem Grad Längenausdehnung in zwei benachbarten Meridianstreifen abgebildet wird. Damit erstreckt sich aber auch jeder Meridianstreifen über ±2.0° bezüglich des Grundmeridians bzw. über einen Gesamtbereich von 4°.

Die Gauß-Krüger-Abbildung kann auch geometrisch gedeutet werden. Ein (elliptischer) Zylinder wird um das Rotationsellipsoid gelegt, wobei der Zylindermantel das Ellipsoid im Grundmeridian berührt, siehe Fig. A2.1. Der Zylinder berührt das Ellipsoid auch in den Polen. Man sagt, die Lage des Zylinders bezüglich des Ellipsoids ist transversal und daraus resultiert auch der Begriff der transversalen Abbildung.

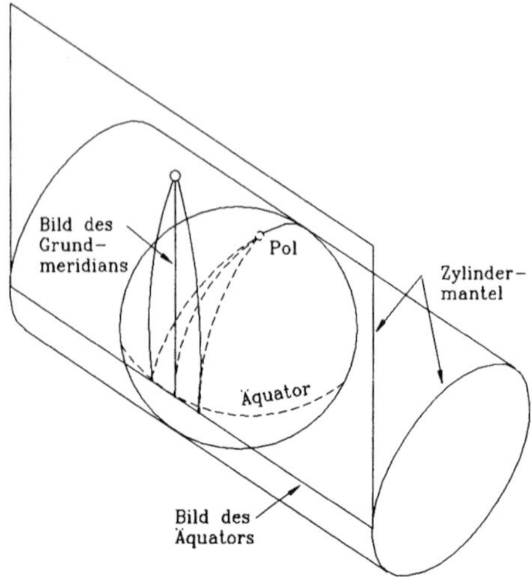

Fig. A2.1. Geometrische Darstellung des Prinzips der Gauß-Krüger-Abbildung

Der Meridianstreifen wird auf den Zylindermantel abgebildet. Danach wird der Zylindermantel aufgeschnitten und in die Ebene abgerollt. Der längentreu abgebildete Grundmeridian bildet die Abszissenachse und der Äquator die Ordinatenachse des Koordinatensystems in der Ebene.

Trotz der anschaulichen Darstellung in Fig. A2.1 ist es nicht möglich, die Gauß-Krüger-Abbildung durch eine geometrische Projektion zu erklären. Der Zusammenhang zwischen den Punkten auf dem Ellipsoid und auf dem Zylindermantel kann nur mathematisch beschrieben werden.

Die Gauß-Krüger-Abbildung wird in Europa unter anderem in Österreich, Deutschland, Schweden, dem ehemaligen Jugoslawien, Großbritannien, Luxemburg, sowie in einer Variante (Gauß-Boaga) in Italien verwendet.

Gauß-Krüger-Abbildung vom Ellipsoid in die Ebene

Zur Abbildung eines Punktes auf dem Ellipsoid mit den Koordinaten φ, λ in die Ebene, wobei die Koordinaten des abgebildeten Punktes mit x, y bezeichnet werden, führt man zunächst die Bezeichnungen

$$B(\varphi) \qquad \ldots \quad \text{Meridianbogenlänge}$$

$$N = \frac{a^2}{b\sqrt{1 + \eta^2}} \qquad \ldots \quad \text{Normalkrümmungsradius für } \varphi$$

$$\eta^2 = e'^2 \cos^2\varphi \qquad \ldots \quad \text{Hilfsgröße}$$

$$t = \tan\varphi \qquad \ldots \quad \text{Hilfsgröße}$$

$$\lambda_0 \qquad \ldots \quad \text{Länge des Grundmeridians}$$

$$\ell = \lambda - \lambda_0 \qquad \ldots \quad \text{Längenunterschied zum Grundmeridian}$$

ein. Die Abbildung wird durch die Gleichungen

$$x = B(\varphi) + \frac{t}{2}\, N \cos^2\varphi\; \ell^2$$

$$+ \frac{t}{24}\, N \cos^4\varphi\, (5 - t^2 + 9\eta^2 + 4\eta^4)\, \ell^4$$

$$+ \frac{t}{720}\, N \cos^6\varphi\, (61 - 58\, t^2 + t^4 + 270\, \eta^2 - 330\, t^2\eta^2)\, \ell^6$$

$$+ \frac{t}{40\,320}\, N \cos^8\varphi\, (1385 - 3111\, t^2 + 543\, t^4 - t^6)\, \ell^8 + \ldots$$

und

$$y = N \cos\varphi \, \ell + \frac{1}{6} N \cos^3\varphi \, (1 - t^2 + \eta^2)\, \ell^3$$

$$+ \frac{1}{120} N \cos^5\varphi \, (5 - 18\,t^2 + t^4 + 14\,\eta^2 - 58\,t^2\eta^2)\, \ell^5$$

$$+ \frac{1}{5040} N \cos^7\varphi \, (61 - 479\,t^2 + 179\,t^4 - t^6)\, \ell^7 + \ldots$$

$$(A2.9)$$

beschrieben. Dabei ist die Meridianbogenlänge $B(\varphi)$ nach (A2.1) zu berechnen und der Längenunterschied ℓ im Bogenmaß einzuführen.

Die Formeln (A2.9) liefern bis $\ell = \pm 3.5°$ eine Genauigkeit besser als 1 mm für x und y.

Beispiel

Der Punkt „Großglockner" mit den auf das Bessel-Ellipsoid bezogenen geographischen Koordinaten

$$\varphi = 47°04'30.312\,00''$$
$$\lambda = 12°41'41.768\,00''$$

soll nach Gauß-Krüger in die Ebene abgebildet werden, wobei als Grundmeridian $\lambda_0 = 15°$ zu verwenden ist.

Mit Hilfe von Gl. (A2.1) und mit den numerischen Werten (A2.4) für die Koeffizienten erhält man zunächst

$$B(\varphi) = 5\,215\,063.692 \ \text{m}$$

als Meridianbogenlänge für die gegebene Breite φ. Der Zahlenwert für die zweite numerische Exzentrizität e'^2 wird dem Anhang 1 (A1.1) entnommen. Die Berechnung des Normalkrümmungsradius für φ ergibt

$$N = 6\,388\,839.274 \ \text{m}\,,$$

und mit dem im Bogenmaß ausgedrückten Wert

$$\ell = -0.040\,230\,9640$$

werden nach (A2.9) schließlich die Gauß-Krüger-Koordinaten

$$x = 5\,217\,642.671 \ \text{m}$$
$$y = -175\,043.608 \ \text{m}$$

erhalten.

Gauß-Krüger-Abbildung von der Ebene auf das Ellipsoid

Zur Abbildung eines Punktes von der Ebene mit den Koordinaten x, y auf das Ellipsoid, wobei die Koordinaten des abgebildeten Punktes mit φ, λ bezeichnet werden, führt man zunächst die Bezeichnungen

$$\varphi_f \qquad \ldots \text{ Fußpunktsbreite}$$

$$N_f = \frac{a^2}{b\sqrt{1 + \eta_f^2}} \qquad \ldots \text{ Normalkrümmungsradius für } \varphi_f$$

$$\eta_f^2 = e'^2 \cos^2\varphi_f \qquad \ldots \text{ Hilfsgröße}$$

$$t_f = \tan\varphi_f \qquad \ldots \text{ Hilfsgröße}$$

$$\lambda_0 \qquad \ldots \text{ Länge des Grundmeridians}$$

ein. Die Fußpunktsbreite erhält man aus (A2.5), wenn in (A2.6) die Meridianbogenlänge $B(\varphi)$ durch den Abszissenwert x ersetzt wird. Die Abbildung wird durch die Gleichungen

$$\begin{aligned}
\varphi = \varphi_f &+ \frac{t_f}{2N_f^2}(-1 - \eta_f^2)\,y^2 \\
&+ \frac{t_f}{24\,N_f^4}(5 + 3t_f^2 + 6\eta_f^2 - 6t_f^2\eta_f^2 - 3\eta_f^4 - 9t_f^2\eta_f^4)\,y^4 \\
&+ \frac{t_f}{720\,N_f^6}(-61 - 90t_f^2 - 45t_f^4 - 107\eta_f^2 + 162t_f^2\eta_f^2 + 45t_f^4\eta_f^2)\,y^6 \\
&+ \frac{t_f}{40\,320\,N_f^8}(1385 + 3633t_f^2 + 4095t_f^4 + 1575t_f^6)\,y^8 + \ldots
\end{aligned}$$

und

$$\begin{aligned}
\lambda = \lambda_0 &+ \frac{1}{N_f\cos\varphi_f}\,y + \frac{1}{6N_f^3\cos\varphi_f}(-1 - 2t_f^2 - \eta_f^2)\,y^3 \\
&+ \frac{1}{120\,N_f^5\cos\varphi_f}(5 + 28t_f^2 + 24t_f^4 + 6\eta_f^2 + 8t_f^2\eta_f^2)\,y^5 \\
&+ \frac{1}{5040\,N_f^7\cos\varphi_f}(-61 - 662t_f^2 - 1320t_f^4 - 720t_f^6)\,y^7 + \ldots
\end{aligned}$$

$$\text{(A2.10)}$$

beschrieben. Als Ergebnis erhält man die Breite φ und die Länge λ im Bogenmaß, wobei φ_f und λ_0 als jeweils erster Term auf den rechten Seiten der Reihen ebenfalls im Bogenmaß eingeführt werden müssen.

Die Formeln (A2.10) liefern bis $\lambda - \lambda_0 = \pm 3.5°$ eine Genauigkeit besser als $0.000\,03''$ für φ und λ. Dies entspricht einer Lagegenauigkeit von besser als 1 mm.

Beispiel
Der Punkt „Großglockner" mit den Koordinaten

$$x = 5\,217\,642.671 \text{ m}$$
$$y = -175\,043.608 \text{ m}$$

soll nach Gauß-Krüger auf das Bessel-Ellipsoid abgebildet werden, wobei als Grundmeridian $\lambda_0 = 15°$ zu verwenden ist.

Zur Berechnung der Fußpunktsbreite φ_f aus Gl. (A2.5) wird in (A2.6) anstelle der Meridianbogenlänge $B(\varphi)$ der Abszissenwert x eingesetzt. Damit folgt vorerst

$$\varphi_f = \frac{x}{\bar{\alpha}} + \bar{\beta}\,\sin\frac{2x}{\bar{\alpha}} + \bar{\gamma}\,\sin\frac{4x}{\bar{\alpha}} + \bar{\delta}\,\sin\frac{6x}{\bar{\alpha}} + \bar{\varepsilon}\,\sin\frac{8x}{\bar{\alpha}} + \ldots$$

und mit den numerischen Werten (A2.8) für die auf das Bessel-Ellipsoid bezogenen Koeffizienten die Fußpunktsbreite

$$\varphi_f = 47°05'53.834\,11''$$

im Gradmaß. Der Zahlenwert für die zweite numerische Exzentrizität e'^2 wird aus Anhang 1 (A1.1) entnommen. Die Berechnung des Normalkrümmungsradius für φ_f ergibt

$$N_f = 6\,388\,847.916 \text{ m}\,,$$

und nach (A2.10) werden schließlich die geographischen Koordinaten

$$\varphi = 47°04'30.312\,02''$$
$$\lambda = 12°41'41.767\,97''$$

erhalten.

A2.3   UTM-System

Die Bezeichnung stellt ein Akronym von *U*niversal *T*ransverse *M*ercator System dar. Das Prinzip dieser Abbildung ist nahezu analog zu jenem der Gauß-Krüger-Abbildung, die ja auch mit Transversaler Mercator-Abbildung bezeichnet wurde. Der einzige wesentliche Unterschied ist, daß der Grundmeridian nicht längentreu, sondern mit dem konstanten Maßstab

$$m = 0.9996 \tag{A2.11}$$

abgebildet wird. Daher sind alle Längen bei der Abbildung vom Ellipsoid in die Ebene mit diesem Faktor zu multiplizieren.

Auf dem Ellipsoid werden wiederum Meridianstreifen oder Zonen eingeführt, wobei hier die Längenausdehnung der Streifen bezüglich des jeweiligen Grundmeridians $\pm 3°$ mit einer zusätzlichen Überlappung von $0.5°$ mit dem Nachbarstreifen, also insgesamt $7°$ beträgt. Die 60 Zonen werden von West nach Ost numeriert, wobei der Streifen M1 den Grundmeridian $\lambda_0 = 177°$ w (w bedeutet westliche Länge), der Streifen M2 den Grundmeridian $\lambda_0 = 171°$ w und schließlich der Streifen M60 den Grundmeridian $\lambda_0 = 177°$ ö (ö bedeutet östliche Länge) besitzt.

Geometrisch kann die UTM-Abbildung wie die Gauß-Krüger-Abbildung gedeutet werden, wobei nun der Grundmeridian mit dem oben erwähnten Faktor $m = 0.9996$ verkürzt wird.

Das UTM-System wird in Teilen der USA und auch für die gesamte Welt verwendet. Daher wird bei dieser Abbildung üblicherweise das Internationale Ellipsoid als Bezugsfläche verwendet.

UTM-Abbildung vom Ellipsoid in die Ebene

Zur Abbildung eines Punktes auf dem Ellipsoid mit den Koordinaten φ, λ in die Ebene, wobei die Koordinaten des abgebildeten Punktes mit x_{UTM}, y_{UTM} bezeichnet werden, können die Formeln (A2.9) für die Gauß-Krüger-Abbildung verwendet werden, wobei die resultierenden Koordinaten x, y mit $m = 0.9996$ zu multiplizieren sind.

Da die verwendeten Formeln für Streifenbreiten bis $7°$ eine Genauigkeit besser als $1\,\text{mm}$ liefern, wird diese Genauigkeit auch in den UTM-Koordinaten erreicht.

Beispiel
Ein Punkt mit den auf das Internationale Ellipsoid bezogenen geographischen Koordinaten

$$\varphi = 47°04'30.312\,00''$$
$$\lambda = 12°41'41.768\,00''$$

soll nach dem UTM-System in die Ebene abgebildet werden, wobei als Grundmeridian $\lambda_0 = 15°$ zu verwenden ist.

Mit den entsprechenden numerischen Werten für das Internationale Ellipsoid erhält man zunächst aus Gl. (A2.1)

$$B(\varphi) = 5\,215\,694.867 \text{ m}$$

als Meridianbogenlänge für die gegebene Breite φ. Der Zahlenwert für die zweite numerische Exzentrizität e'^2 wird aus Anhang 1 (A1.2) entnommen. Die Berechnung des Normalkrümmungsradius für φ ergibt

$$N = 6\,389\,914.933 \text{ m},$$

und mit dem im Bogenmaß ausgedrückten Wert

$$\ell = -0.040\,230\,9640$$

werden nach (A2.9) die Gauß-Krüger-Koordinaten

$$x = 5\,218\,274.280 \text{ m}$$
$$y = -175\,073.079 \text{ m}$$

erhalten. Durch die Skalierung mit dem Faktor $m = 0.9996$ bekommt man schließlich

$$x_{\text{UTM}} = 5\,216\,186.970 \text{ m}$$
$$y_{\text{UTM}} = -175\,003.050 \text{ m}$$

als gesuchtes Ergebnis.

UTM-Abbildung von der Ebene auf das Ellipsoid

Zur Abbildung eines Punktes von der Ebene mit den Koordinaten x_{UTM}, y_{UTM} auf das (Internationale) Ellipsoid, wobei die Koordinaten des abgebildeten Punktes mit φ, λ bezeichnet werden, können die Formeln (A2.10) für die Gauß-Krüger-Abbildung verwendet werden. Zuvor müssen allerdings die UTM-Koordinaten durch $m = 0.9996$ dividiert werden.

Auch bei Meridianstreifen mit einer Längenausdehnung von 6° bekommt man mit den Formeln eine Genauigkeit von besser als $0.000\,03''$ in φ und λ (dies entspricht einer Lagegenauigkeit von etwa 1 mm), da diese Genauigkeit bis $\lambda - \lambda_0 = \pm 3.5°$ erreicht wird.

Beispiel
Ein Punkt mit den UTM-Koordinaten

$$x_{\text{UTM}} = 5\,216\,186.970 \text{ m}$$
$$y_{\text{UTM}} = -175\,003.050 \text{ m}$$

soll auf das Internationale Ellipsoid abgebildet werden, wobei als Grundmeridian $\lambda_0 = 15°$ zu verwenden ist.

Um die Formeln der Gauß-Krüger-Abbildung verwenden zu können, dividiert man die UTM-Koordinaten durch den Maßstab $m = 0.9996$ und erhält

$$x = 5\,218\,274.280 \text{ m}$$
$$y = -175\,073.079 \text{ m}$$

als Gauß-Krüger-Koordinaten. Zur Berechnung der Fußpunktsbreite φ_f aus Gl. (A2.5) wird in (A2.6) anstelle der Meridianbogenlänge $B(\varphi)$ der Abszissenwert x eingesetzt. Damit folgt vorerst

$$\varphi_f = \frac{x}{\bar{\alpha}} + \bar{\beta} \sin \frac{2x}{\bar{\alpha}} + \bar{\gamma} \sin \frac{4x}{\bar{\alpha}} + \bar{\delta} \sin \frac{6x}{\bar{\alpha}} + \bar{\varepsilon} \sin \frac{8x}{\bar{\alpha}} + \dots$$

und mit den numerischen Werten für die auf das Internationale Ellipsoid bezogenen Koeffizienten die Fußpunktsbreite

$$\varphi_f = 47°05'53.835\,98''$$

im Gradmaß. Der Zahlenwert für die zweite numerische Exzentrizität e'^2 wird aus Anhang 1 (A1.2) entnommen. Die Berechnung des Normalkrümmungsradius für φ_f ergibt

$$N_f = 6\,389\,923.639 \text{ m}\,,$$

und nach (A2.10) werden schließlich die geographischen Koordinaten

$$\varphi = 47°04'30.311\,99''$$
$$\lambda = 12°41'41.768\,00''$$

erhalten.

A2.4 Konforme Lambert-Abbildung

Bewußt wird bei dieser Abbildung das Attribut „konform" mitgeführt, da auch andere Abbildungen (z.B. flächentreue) Lamberts Namen tragen. Folgende Merkmale charakterisieren die konforme Lambert-Abbildung:

- Das Ellipsoid wird konform in die Ebene abgebildet.

- Ein Parallelkreis des Ellipsoids, der Grundparallelkreis, wird längentreu in die Ebene abgebildet. Anstelle nur eines Parallelkreises können auch zwei Parallelkreise längentreu abgebildet werden.

Analog zu den Zonen oder Meridianstreifen bei der Gauß-Krüger-Abbildung werden bei der konformen Lambert-Abbildung Zonen mit verschiedenen Grundparallelkreisen eingeführt.

Die konforme Lambert-Abbildung kann auch geometrisch gedeutet werden. Ein Kegel mit der Spitze auf der Verlängerung der kleinen Halbachse eines Ellipsoids berührt dieses entlang des Grundparallels, siehe Fig. A2.2. Der Streifen beiderseits des Grundparallelkreises wird auf den Kegelmantel abgebildet. Der Kegelmantel wird anschließend aufgeschnitten und in die Ebene abgerollt. Das Netz der Parallelkreise und Meridiane des Ellipsoids wird in der Ebene zu einem Polarkoordinatensystem, wobei die Parallelkreise des Ellipsoids durch konzentrische Kreise und die Meridiane des Ellipsoids durch deren Radien dargestellt werden.

Auch im Fall der konformen Lambert-Abbildung ist es trotz der geometrischen Deutung in Fig. A2.2 nicht möglich, die Abbildung durch eine geometrische Projektion zu erklären. Der Zusammenhang zwischen Punkten auf dem Ellipsoid und auf dem Kegelmantel kann nur mathematisch beschrieben werden.

Die konforme Lambert-Abbildung wird in Europa unter anderem in Belgien, Dänemark, Frankreich und Spanien verwendet. Von den außereuropäischen Ländern seien Marokko, Algerien und Tunesien sowie Teile der USA genannt.

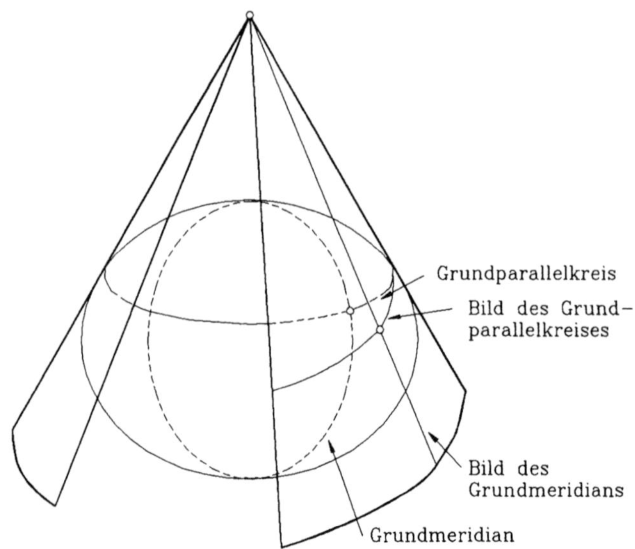

Fig. A2.2. Geometrische Darstellung des Prinzips der konformen Lambert-Abbildung

Konforme Lambert-Abbildung vom Ellipsoid in die Ebene

Zur Abbildung eines Punktes auf dem Ellipsoid mit den Koordinaten φ, λ in die Ebene, wobei die Koordinaten des abgebildeten Punktes mit x, y bezeichnet werden, führt man vorerst einen Hauptpunkt mit den geographischen Koordinaten φ_0, λ_0 ein. Durch den Hauptpunkt verläuft der Grundparallelkreis (mit der Breite φ_0) und der Grundmeridian (mit der Länge λ_0). Mit den Bezeichnungen

$$N_0 = \frac{a^2}{b\sqrt{1 + \eta_0^2}} \quad \dots \quad \text{Normalkrümmungsradius für } \varphi_0$$

$$\eta_0^2 = e'^2 \cos^2\varphi_0 \quad \dots \quad \text{Hilfsgröße}$$

$$t_0 = \tan\varphi_0 \quad \dots \quad \text{Hilfsgröße}$$

$$\Delta\varphi = \varphi - \varphi_0 \quad \dots \quad \text{Breitenunterschied zum Grundparallelkreis}$$

$$\ell = \lambda - \lambda_0 \quad \dots \quad \text{Längenunterschied zum Grundmeridian}$$

wird die Abbildung durch die Gleichungen

$$
\begin{aligned}
x = &\; N_0 \left(1 - \eta_0^2 + \eta_0^4 - \eta_0^6\right) \Delta\varphi \\[4pt]
&+ \frac{t_0}{2} N_0 \left(3\eta_0^2 - 6\eta_0^4\right) \Delta\varphi^2 + \frac{t_0}{2} N_0 \cos^2\varphi_0 \; \ell^2 \\[4pt]
&+ \frac{1}{6} N_0 \left(1 + \eta_0^2 - 3t_0^2\,\eta_0^2 - 3\eta_0^4 + 21\,t_0^2\,\eta_0^4\right) \Delta\varphi^3 \\[4pt]
&+ \frac{1}{6} N_0 \cos^2\varphi_0 \left(-3t_0^2 + 3t_0^2\,\eta_0^2 - 3t_0^2\,\eta_0^4\right) \Delta\varphi\,\ell^2 \\[4pt]
&+ \frac{t_0}{24} N_0 \left(1 - \eta_0^2\right) \Delta\varphi^4 + \frac{t_0}{24} N_0 \cos^2\varphi_0 \left(-18\,t_0^2\,\eta_0^2\right) \Delta\varphi^2\,\ell^2 \\[4pt]
&+ \frac{t_0}{24} N_0 \cos^4\varphi_0 \left(-t_0^2\right) \ell^4 \\[4pt]
&+ \frac{1}{120} N_0 \left(5 + 3t_0^2\right) \Delta\varphi^5 + \frac{1}{120} N_0 \cos^2\varphi_0 \left(-10\,t_0^2\right) \Delta\varphi^3\,\ell^2 \\[4pt]
&+ \frac{1}{120} N_0 \cos^4\varphi_0 \left(5t_0^4\right) \Delta\varphi\,\ell^4 + \dots
\end{aligned}
$$

und

$$\begin{aligned}
y = {}& N_0 \cos\varphi_0\, \ell + t_0\, N_0 \cos\varphi_0\, (-1 + \eta_0^2 - \eta_0^4)\, \Delta\varphi\, \ell \\[2mm]
& + \frac{1}{2}\, N_0 \cos\varphi_0\, (-3t_0^2\, \eta_0^2 + 6t_0^2\, \eta_0^4)\, \Delta\varphi^2\, \ell \\[2mm]
& + \frac{1}{6}\, N_0 \cos^3\varphi_0\, (-t_0^2)\, \ell^3 \\[2mm]
& + \frac{t_0}{6}\, N_0 \cos\varphi_0\, (-1 - \eta_0^2 + 3t_0^2\, \eta_0^2)\, \Delta\varphi^3\, \ell \\[2mm]
& + \frac{t_0}{6}\, N_0 \cos^3\varphi_0\, (t_0^2 - t_0^2\, \eta_0^2)\, \Delta\varphi\, \ell^3 \\[2mm]
& + \frac{1}{120}\, N_0 \cos\varphi_0\, (-5t_0^2)\, \Delta\varphi^4\, \ell + \frac{1}{120}\, N_0 \cos^5\varphi_0\, (t_0^4)\, \ell^5 + \ldots
\end{aligned}$$

(A2.12)

beschrieben. In den Formeln sind der Breitenunterschied $\Delta\varphi$ und der Längenunterschied ℓ im Bogenmaß einzuführen.

Die Formeln (A2.12) liefern für Breitenunterschiede $\Delta\varphi$ bis $\pm 1.5°$ und Längenunterschiede ℓ von etwa $\pm 2°$ eine Genauigkeit für x und y im Bereich von einigen Millimetern.

Beispiel

Ein Punkt mit den auf das Bessel-Ellipsoid bezogenen geographischen Koordinaten

$$\varphi = 48°24'37.915\,90''$$
$$\lambda = 16°43'16.981\,20''$$

soll konform nach Lambert in die Ebene abgebildet werden, wobei der Hauptpunkt die Koordinaten $\varphi_0 = 47°$ und $\lambda_0 = 15°$ haben soll.

Der Zahlenwert für die zweite numerische Exzentrizität e'^2 wird aus Anhang 1 (A1.1) entnommen. Die Berechnung des Normalkrümmungsradius für φ_0 ergibt

$$N_0 = 6\,388\,811.304 \text{ m},$$

und mit den im Bogenmaß ausgedrückten Werten

$$\Delta\varphi = 0.024\,618\,4310$$
$$\ell \;\;\; = 0.030\,043\,8127$$

werden nach (A2.12) schließlich die Lambert-Koordinaten

$$x = 158\,227.973 \text{ m}$$
$$y = 127\,449.487 \text{ m}$$

erhalten.

Konforme Lambert-Abbildung von der Ebene auf das Ellipsoid

Zur Abbildung eines Punktes von der Ebene mit den Koordinaten x, y auf das Ellipsoid, wobei die Koordinaten des abgebildeten Punktes mit φ, λ bezeichnet werden, führt man vorerst wieder einen Hauptpunkt mit den geographischen Koordinaten φ_0, λ_0 ein. Mit den Bezeichnungen

$$N_0 = \frac{a^2}{b\sqrt{1 + \eta_0^2}} \quad \dots \quad \text{Normalkrümmungsradius für } \varphi_0$$

$$\eta_0^2 = e'^2 \cos^2\varphi_0 \quad \dots \quad \text{Hilfsgröße}$$

$$t_0 = \tan\varphi_0 \quad \dots \quad \text{Hilfsgröße}$$

wird die Abbildung durch die Gleichungen

$$\begin{aligned}
\varphi = \varphi_0 &+ \frac{1}{N_0}(1 + \eta_0^2)\,x + \frac{t_0}{2N_0^2}(-3\eta_0^2 - 3\eta_0^4)\,x^2 \\
&+ \frac{t_0}{2N_0^2}(-1 - \eta_0^2)\,y^2 \\
&+ \frac{1}{6N_0^3}(-1 - 5\eta_0^2 + 3t_0^2\eta_0^2 - 7\eta_0^4 + 18\,t_0^2\,\eta_0^4)\,x^3 \\
&+ \frac{1}{6N_0^3}(-3t_0^2 + 6t_0^2\,\eta_0^2 + 9t_0^2\,\eta_0^4)\,x\,y^2 \\
&+ \frac{t_0}{24\,N_0^4}(-1 + 26\,\eta_0^2)\,x^4 \\
&+ \frac{t_0}{24\,N_0^4}(6 - 12\,t_0^2 + 30\,\eta_0^2 + 6t_0^2\,\eta_0^2)\,x^2\,y^2 \\
&+ \frac{t_0}{24\,N_0^4}(3t_0^2 - 6t_0^2\,\eta_0^2)\,y^4 \\
&+ \frac{1}{120\,N_0^5}(5 - 3t_0^2)\,x^5 + \frac{1}{120\,N_0^5}(40\,t_0^2 - 60\,t_0^4)\,x^3\,y^2 \\
&+ \frac{1}{120\,N_0^5}(-15\,t_0^2 + 45\,t_0^4)\,x\,y^4 + \dots
\end{aligned}$$

und

$$\lambda = \lambda_0 + \frac{1}{N_0 \cos\varphi_0}\, y + \frac{t_0}{N_0^2 \cos\varphi_0}\, x\,y + \frac{1}{3N_0^3 \cos\varphi_0}\, (3t_0^2)\, x^2\,y$$

$$+ \frac{1}{3N_0^3 \cos\varphi_0}\, (-t_0^2)\, y^3 + \frac{t_0}{N_0^4 \cos\varphi_0}\, (t_0^2)\, x^3\,y$$

$$+ \frac{t_0}{N_0^4 \cos\varphi_0}\, (-t_0^2)\, x\,y^3 + \frac{1}{5N_0^5 \cos\varphi_0}\, (5t_0^4)\, x^4\,y$$

$$+ \frac{1}{5N_0^5 \cos\varphi_0}\, (-10\,t_0^4)\, x^2\,y^3 + \frac{1}{5N_0^5 \cos\varphi_0}\, (t_0^4)\, y^5 + \ldots$$

$$(\text{A2.13})$$

beschrieben. Als Ergebnis erhält man die Breite φ und die Länge λ im Bogenmaß, wobei φ_0 und λ_0 als jeweils erster Term auf den rechten Seiten der Reihen ebenfalls im Bogenmaß eingeführt werden müssen.

Die Formeln liefern für Breitenunterschiede $\Delta\varphi$ bis $\pm 1.5°$ und Längenunterschiede ℓ von etwa $\pm 2°$ eine Genauigkeit für φ und λ, die einigen Millimetern entspricht.

Beispiel
Ein Punkt in der Ebene mit den Koordinaten

$$x = 158\,227.973 \text{ m}$$
$$y = 127\,449.487 \text{ m}$$

soll nach Lambert konform auf das Bessel-Ellipsoid abgebildet werden, wobei der Hauptpunkt die Koordinaten $\varphi_0 = 47°$ und $\lambda_0 = 15°$ haben soll.

Der Zahlenwert für die zweite numerische Exzentrizität e'^2 wird aus Anhang 1 (A1.1) entnommen. Die Berechnung des Normalkrümmungsradius für φ_0 ergibt

$$N_0 = 6\,388\,811.304 \text{ m}\,,$$

und nach (A2.13) werden schließlich die geographischen Koordinaten

$$\varphi = 48°24'37.915\,88''$$
$$\lambda = 16°43'16.981\,28''$$

erhalten. Ein Vergleich mit den Ausgangsdaten im vorigen Beispiel zeigt, daß bei λ eine Abweichung auftritt, die in der vorliegenden Breite etwa 2 mm entspricht.

A2.5 Stereographische Abbildung

Die stereographische Abbildung des Ellipsoids in die Ebene kann durch folgende Charakteristika beschrieben werden:

- Das Ellipsoid wird konform in die Ebene abgebildet.

- Der Hauptpunkt φ_0, λ_0 auf dem Ellipsoid wird bei der Abbildung der Ursprung des Koordinatensystems in der Ebene.

- Das Bild des Grundmeridians, das ist der Meridian durch den Hauptpunkt, wird zur x-Achse.

Die stereographische Abbildung des Ellipsoids kann auch geometrisch gedeutet werden. Eine Tangentialebene berührt das Ellipsoid im Hauptpunkt φ_0, λ_0. Auf diese Ebene werden alle Punkte von einem Projektionszentrum aus abgebildet. Trotz der anschaulichen Darstellung in Fig. A2.3 kann die stereographische Abbildung von Punkten auf dem Ellipsoid in die Ebene nicht durch eine geometrische Projektion erklärt werden. Der Zusammenhang zwischen Punkten auf dem Ellipsoid und auf der Tangentialebene kann nur mathematisch beschrieben werden.

Die stereographische Abbildung des Ellipsoids kann man auch durch eine konforme Doppelprojektion beschreiben: zunächst bildet man das Ellipsoid

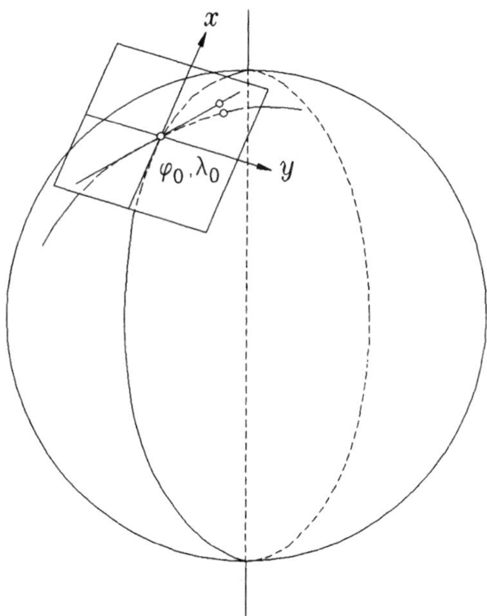

Fig. A2.3. Geometrische Darstellung des Prinzips der stereographischen Abbildung

konform auf die Kugel ab, danach führt man eine stereographische Abbildung der Kugel in die Ebene durch.

Die stereographische Abbildung wird unter anderem in den Niederlanden, Polen, Rumänien und Kanada angewendet.

Stereographische Abbildung vom Ellipsoid in die Ebene

Zur Abbildung eines Punktes auf dem Ellipsoid mit den Koordinaten φ, λ in die Ebene, wobei die Koordinaten des abgebildeten Punktes mit x, y bezeichnet werden, legt man vorerst den Hauptpunkt mit den Koordinaten φ_0, λ_0 fest. Mit den Bezeichnungen

$$N_0 = \frac{a^2}{b\sqrt{1 + \eta_0^2}} \quad \ldots \quad \text{Normalkrümmungsradius für } \varphi_0$$

$$\eta_0^2 = e'^2 \cos^2\varphi_0 \quad \ldots \quad \text{Hilfsgröße}$$

$$t_0 = \tan\varphi_0 \quad \ldots \quad \text{Hilfsgröße}$$

$$\Delta\varphi = \varphi - \varphi_0 \quad \ldots \quad \text{Breitenunterschied zum Hauptpunkt}$$

$$\ell = \lambda - \lambda_0 \quad \ldots \quad \text{Längenunterschied zum Hauptpunkt}$$

wird die Abbildung durch die Gleichungen

$$x = N_0 \left(1 - \eta_0^2 + \eta_0^4 - \eta_0^6\right) \Delta\varphi$$

$$+ \frac{t_0}{2} N_0 \left(3\eta_0^2 - 6\eta_0^4\right) \Delta\varphi^2 + \frac{t_0}{2} N_0 \cos^2\varphi_0 \, \ell^2$$

$$+ \frac{1}{12} N_0 \left(1 + 4\eta_0^2 - 6t_0^2\,\eta_0^2 - 9\eta_0^4 + 42\,t_0^2\,\eta_0^4\right) \Delta\varphi^3$$

$$+ \frac{1}{12} N_0 \cos^2\varphi_0 \left(3 - 6t_0^2 + 6t_0^2\,\eta_0^2 - 6t_0^2\,\eta_0^4\right) \Delta\varphi\,\ell^2$$

$$+ \frac{t_0}{24} N_0 \left(-3\eta_0^2\right) \Delta\varphi^4$$

$$+ \frac{t_0}{24} N_0 \cos^2\varphi_0 \left(-9 - 6\eta_0^2 - 18\,t_0^2\,\eta_0^2\right) \Delta\varphi^2\,\ell^2$$

$$+ \frac{t_0}{24} N_0 \cos^4\varphi_0 \left(2 - t_0^2 + 6\eta_0^2\right) \ell^4$$

$$+ \frac{1}{240} N_0 \left(+2\right) \Delta\varphi^5 + \frac{1}{240} N_0 \cos^2\varphi_0 \left(-10 - 10\,t_0^2\right) \Delta\varphi^3\,\ell^2$$

$$+ \frac{1}{240} N_0 \cos^4\varphi_0 \left(10 - 55\,t_0^2 + 10\,t_0^4\right) \Delta\varphi\,\ell^4 + \ldots$$

und

$$y = N_0 \cos\varphi_0\, \ell + \frac{t_0}{2} N_0 \cos\varphi_0 \left(-2 + 2\eta_0^2 - 2\eta_0^4\right) \Delta\varphi\, \ell$$

$$+ \frac{1}{12} N_0 \cos\varphi_0 \left(-3 + 3\eta_0^2 - 18\, t_0^2\, \eta_0^2 - 3\eta_0^4 + 36\, t_0^2\, \eta_0^4\right) \Delta\varphi^2\, \ell$$

$$+ \frac{1}{12} N_0 \cos^3\varphi_0 \left(1 - 2t_0^2 + \eta_0^2\right) \ell^3$$

$$+ \frac{t_0}{24} N_0 \cos\varphi_0 \left(-2 - 10\,\eta_0^2 + 12\, t_0^2\, \eta_0^2\right) \Delta\varphi^3\, \ell$$

$$+ \frac{t_0}{24} N_0 \cos^3\varphi_0 \left(-8 + 4t_0^2 - 16\,\eta_0^2 - 4t_0^2\, \eta_0^2\right) \Delta\varphi\, \ell^3$$

$$+ \frac{1}{240} N_0 \cos\varphi_0 \left(-10\right) \Delta\varphi^4\, \ell$$

$$+ \frac{1}{240} N_0 \cos^3\varphi_0 \left(-20 + 70\, t_0^2\right) \Delta\varphi^2\, \ell^3$$

$$+ \frac{1}{240} N_0 \cos^5\varphi_0 \left(2 - 11\, t_0^2 + 2t_0^4\right) \ell^5 + \dots$$

$$(A2.14)$$

beschrieben, wobei der Breitenunterschied $\Delta\varphi$ und der Längenunterschied ℓ im Bogenmaß einzuführen sind.

Die Formeln liefern für Breitenunterschiede $\Delta\varphi$ bis $\pm 1.5°$ und Längenunterschiede ℓ von etwa $\pm 2°$ eine Genauigkeit für x und y im Bereich von einigen Millimetern.

Beispiel

Ein Punkt mit den auf das Bessel-Ellipsoid bezogenen geographischen Koordinaten

$$\varphi = 48°24'37.915\,90''$$
$$\lambda = 16°43'16.981\,20''$$

soll stereographisch in die Ebene abgebildet werden, wobei der Hauptpunkt die Koordinaten $\varphi_0 = 47°$ und $\lambda_0 = 15°$ haben soll.

Der Zahlenwert für die zweite numerische Exzentrizität e'^2 wird aus Anhang 1 (A1.1) entnommen. Die Berechnung des Normalkrümmungsradius für φ_0 ergibt

$$N_0 = 6\,388\,811.304 \text{ m},$$

und mit den im Bogenmaß ausgedrückten Werten

$$\Delta\varphi = 0.024\,618\,4310$$
$$\ell \ \ = 0.030\,043\,8127$$

werden nach (A2.14) schließlich die stereographischen Koordinaten

$$x = 158\,235.918 \text{ m}$$
$$y = 127\,434.002 \text{ m}$$

erhalten.

Stereographische Abbildung von der Ebene auf das Ellipsoid

Zur Abbildung eines Punktes von der Ebene mit den Koordinaten x, y auf das Ellipsoid, wobei die Koordinaten des abgebildeten Punktes mit φ, λ bezeichnet werden, wird vorerst wieder der Hauptpunkt mit den Koordinaten φ_0, λ_0 festgelegt. Mit den Bezeichnungen

$$N_0 = \frac{a^2}{b\sqrt{1 + \eta_0^2}} \quad \ldots \quad \text{Normalkrümmungsradius für } \varphi_0$$

$$\eta_0^2 = e'^2 \cos^2\varphi_0 \quad \ldots \quad \text{Hilfsgröße}$$

$$t_0 = \tan\varphi_0 \quad \ldots \quad \text{Hilfsgröße}$$

wird die Abbildung durch die Gleichungen

$$
\begin{aligned}
\varphi = {} & \varphi_0 + \frac{1}{N_0}\left(1 + \eta_0^2\right)x \\
& + \frac{t_0}{2N_0^2}\left(-3\eta_0^2 - 3\eta_0^4\right)x^2 + \frac{t_0}{2N_0^2}\left(-1 - \eta_0^2\right)y^2 \\
& + \frac{1}{12\,N_0^3}\left(-1 - 8\eta_0^2 + 6t_0^2\,\eta_0^2 - 13\,\eta_0^4 + 36\,t_0^2\,\eta_0^4\right)x^3 \\
& + \frac{1}{12\,N_0^3}\left(-3 - 6t_0^2 - 6\eta_0^2 + 12\,t_0^2\,\eta_0^2 - 3\eta_0^4 + 18\,t_0^2\,\eta_0^4\right)x\,y^2 \\
& + \frac{t_0}{24\,N_0^4}\left(18\,\eta_0^2\right)x^4 \\
& + \frac{t_0}{24\,N_0^4}\left(-6 - 12\,t_0^2 + 48\,\eta_0^2 + 6t_0^2\,\eta_0^2\right)x^2\,y^2 \\
& + \frac{t_0}{24\,N_0^4}\left(3 + 3t_0^2 + 2\eta_0^2 - 6t_0^2\,\eta_0^2\right)y^4 \\
& + \frac{1}{240\,N_0^5}\left(+3\right)x^5 + \frac{1}{240\,N_0^5}\left(-90\,t_0^2 - 120\,t_0^4\right)x^3\,y^2 \\
& + \frac{1}{240\,N_0^5}\left(15 + 90\,t_0^2 + 90\,t_0^4\right)x\,y^4 + \ldots
\end{aligned}
$$

und

$$\lambda = \lambda_0 + \frac{1}{N_0 \cos \varphi_0}\, y + \frac{t_0}{2 N_0^2 \cos \varphi_0}\, (+2)\, x\, y$$

$$+ \frac{1}{12\, N_0^3 \cos \varphi_0}\, (3 + 12\, t_0^2 + 3\eta_0^2)\, x^2\, y$$

$$+ \frac{1}{12\, N_0^3 \cos \varphi_0}\, (-1 - 4t_0^2 - \eta_0^2)\, y^3$$

$$+ \frac{t_0}{24\, N_0^4 \cos \varphi_0}\, (12 + 24\, t_0^2 - 4\eta_0^2)\, x^3\, y$$

$$+ \frac{t_0}{24\, N_0^4 \cos \varphi_0}\, (-12 - 24\, t_0^2 + 4\eta_0^2)\, x\, y^3$$

$$+ \frac{1}{240\, N_0^5 \cos \varphi_0}\, (15 + 180\, t_0^2 + 240\, t_0^4)\, x^4\, y$$

$$+ \frac{1}{240\, N_0^5 \cos \varphi_0}\, (-30 - 360\, t_0^2 - 480\, t_0^4)\, x^2\, y^3$$

$$+ \frac{1}{240\, N_0^5 \cos \varphi_0}\, (3 + 36\, t_0^2 + 48\, t_0^4)\, y^5 + \dots$$

(A2.15)

beschrieben. Als Ergebnis erhält man die Breite φ und die Länge λ im Bogenmaß, wobei φ_0 und λ_0 als jeweils erster Term auf den rechten Seiten der Reihen ebenfalls im Bogenmaß eingeführt werden müssen.

Die Formeln liefern für Breitenunterschiede $\Delta\varphi$ bis $\pm 1.5°$ und Längenunterschiede ℓ von etwa $\pm 2°$ eine Genauigkeit für φ und λ, die einigen Millimetern entspricht.

Beispiel
Ein Punkt in der Ebene mit den Koordinaten

$$x = 158\,235.918 \text{ m}$$
$$y = 127\,434.002 \text{ m}$$

soll auf das Bessel-Ellipsoid abgebildet werden, wobei der Hauptpunkt die Koordinaten $\varphi_0 = 47°$ und $\lambda_0 = 15°$ haben soll.

Der Zahlenwert für die zweite numerische Exzentrizität e'^2 wird aus Anhang 1 (A1.1) entnommen. Die Berechnung des Normalkrümmungsradius für φ_0 ergibt

$$N_0 = 6\,388\,811.304 \text{ m},$$

und nach (A2.15) werden schließlich die geographischen Koordinaten

$$\varphi = 48°24'37.915\,87''$$
$$\lambda = 16°43'16.981\,29''$$

erhalten. Ein Vergleich mit den Ausgangsdaten im vorigen Beispiel zeigt, daß in λ eine Abweichung auftritt, die in der gegebenen Breite etwa 2 mm entspricht.

A2.6 Schweizer Projektionssystem (Konforme Doppelprojektion)

Im Fall des Schweizer Abbildungssystems wurde der Begriff „Projektion" eingeführt, obwohl dieses Wort im Zusammenhang mit Abbildungen zu einer Assoziation mit einem geometrischen Vorgang verleitet. Auch in der Literatur wird vorzugsweise der Begriff „Konforme Doppelprojektion" und nicht „Konforme Doppelabbildung" verwendet.

Das Schweizer Projektionssystem weist folgende Charakteristika auf:

- Das Ellipsoid wird in zwei Schritten konform in die Ebene abgebildet. Zuerst erfolgt eine konforme Abbildung des Ellipsoids auf eine Kugel und danach wird die Kugel konform in die Ebene abgebildet (Doppelprojektion).

- Der Hauptpunkt φ_0, λ_0 auf dem Ellipsoid wird bei der Abbildung der Ursprung des Koordinatensystems in der Ebene.

- Bei der Abbildung von der Kugel in die Ebene wird der Großkreis, der den Grundmeridian (Meridian durch den Hauptpunkt) rechtwinklig schneidet, längentreu abgebildet. Dieser Großkreis wird als Pseudoäquator bezeichnet, man spricht auch von einem Pseudosystem mit Pseudokoordinaten.

Die Abbildung des Pseudosystems auf der Kugel in die Ebene kann als schiefachsige Zylinderabbildung (oder schiefachsige Mercator-Abbildung) gedeutet werden, siehe Fig. A2.4.

Der Zylinder berührt die Kugel im Pseudoäquator. Wird der Zylinder aufgeschnitten und in die Ebene abgerollt, dann bildet der längentreu abgebildete Pseudoäquator die Ordinatenachse des Koordinatensystems in der Ebene.

Es ist nicht möglich, die Abbildung des Ellipsoids auf die Kugel oder die Abbildung von der Kugel in die Ebene (trotz der anschaulichen Darstellung in Fig. A2.4) durch eine geometrische Projektion zu erklären. Die Doppelprojektion kann daher nur mathematisch beschrieben werden.

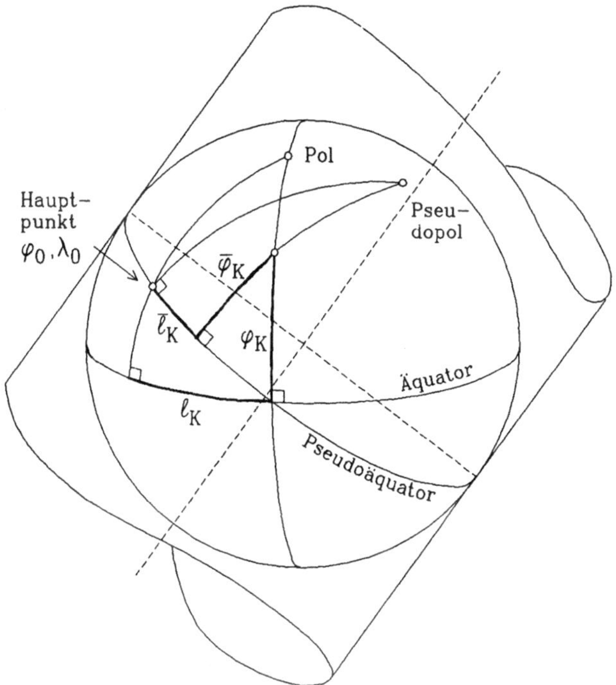

Fig. A2.4. Schiefachsige Zylinderabbildung der Kugel

Schweizer Projektionssystem – Abbildung vom Ellipsoid in die Ebene

Die Abbildung eines Punktes auf dem Ellipsoid mit den Koordinaten φ, λ in die Ebene, wobei die Koordinaten des abgebildeten Punktes mit x, y bezeichnet werden, erfolgt schrittweise.

Die konforme Abbildung des Ellipsoids auf die Kugel bildet einen Ellipsoidpunkt φ, λ auf den Kugelpunkt φ_K, λ_K ab. Werden mit e^2 und e'^2 die erste und zweite numerische Exzentrizität bezeichnet, dann lassen sich vorerst die von der Breite φ_0 des Hauptpunktes abhängenden Größen

$$\alpha = \sqrt{1 + e'^2 \cos^4 \varphi_0} \qquad (A2.16)$$

und

$$\sin \varphi_{0K} = \frac{1}{\alpha} \sin \varphi_0 \qquad (A2.17)$$

berechnen. Die in Gl. (A2.17) auftretende Größe φ_{0K} wird als die Breite des Hauptpunktes auf der Kugel bezeichnet.

Mit den Hilfsgrößen

$$k = \frac{\tan\left(\pi/4 + \varphi_{0\mathrm{K}}/2\right)}{\tan^{\alpha}\left(\pi/4 + \varphi_0/2\right)} \left(\frac{1 + e\sin\varphi_0}{1 - e\sin\varphi_0}\right)^{(\alpha e)/2} \tag{A2.18}$$

und

$$p = k \left(\frac{1 - e\sin\varphi}{1 + e\sin\varphi}\right)^{(\alpha e)/2} \tan^{\alpha}\left(\frac{\pi}{4} + \frac{\varphi}{2}\right) \tag{A2.19}$$

werden schließlich mit

$$\ell = \lambda - \lambda_0 \tag{A2.20}$$

die Gleichungen

$$\begin{aligned} \varphi_{\mathrm{K}} &= 2\arctan p - \frac{\pi}{2} \\ \ell_{\mathrm{K}} &= \alpha\,\ell \end{aligned} \tag{A2.21}$$

für die konforme Abbildung des Ellipsoids auf die Kugel erhalten. Die Größe ℓ_{K} bezeichnet den Längenunterschied bezüglich des Hauptpunktes auf der Kugel.

Nun wird auf der Kugel das bereits oben erwähnte Pseudosystem eingeführt. Die Umrechnung von den Koordinaten φ_{K}, ℓ_{K} des Punktes auf der Kugel zu den Pseudokoordinaten $\bar{\varphi}_{\mathrm{K}}$, $\bar{\ell}_{\mathrm{K}}$ (siehe Fig. A2.4) erfolgt über Formeln der sphärischen Trigonometrie. Diese lauten

$$\begin{aligned} \sin\bar{\varphi}_{\mathrm{K}} &= \cos\varphi_{0\mathrm{K}}\sin\varphi_{\mathrm{K}} - \sin\varphi_{0\mathrm{K}}\cos\varphi_{\mathrm{K}}\cos\ell_{\mathrm{K}} \\ \tan\bar{\ell}_{\mathrm{K}} &= \frac{\sin\ell_{\mathrm{K}}}{\sin\varphi_{0\mathrm{K}}\tan\varphi_{\mathrm{K}} + \cos\varphi_{0\mathrm{K}}\cos\ell_{\mathrm{K}}}. \end{aligned} \tag{A2.22}$$

Im letzten Schritt werden die Pseudokoordinaten auf der Kugel konform in die Koordinaten x, y der Ebene abgebildet. Diese sogenannte Mercator-Abbildung wird durch

$$\begin{aligned} x &= R_0 \ln\tan\left(\frac{\pi}{4} + \frac{\bar{\varphi}_{\mathrm{K}}}{2}\right) \\ y &= R_0\,\bar{\ell}_{\mathrm{K}} \end{aligned} \tag{A2.23}$$

beschrieben, wobei sich R_0, der Radius der Schmiegungskugel im Hauptpunkt, aus

$$R_0 = \frac{a^2}{b\left(1 + e'^2\cos^2\varphi_0\right)} \tag{A2.24}$$

berechnen läßt. Darin bedeuten a, b die beiden Halbachsen des Ellipsoids und e'^2 dessen zweite numerische Exzentrizität.

In der Schweiz werden das Bessel-Ellipsoid und als Hauptpunkt Bern mit den geographischen Koordinaten

$$\varphi_0 = 46°57'08.660\,00''$$
$$\lambda_0 = 07°26'22.500\,00'' \tag{A2.25}$$

verwendet. Damit ergeben sich gemäß den Gln. (A2.16) bis (A2.18) die numerischen Werte

$$\alpha \quad = 1.000\,729\,1384$$
$$\varphi_{0\,K} = 46°54'27.833\,25'' \tag{A2.26}$$
$$k \quad = 1.003\,071\,4396\,,$$

und der Radius der Schmiegungskugel für den Hauptpunkt Bern beträgt

$$R_0 = 6\,378\,815.904 \text{ m}\,. \tag{A2.27}$$

Beispiel

Der Punkt „Rigi" mit den auf das Bessel-Ellipsoid bezogenen geographischen Koordinaten

$$\varphi = 47°03'28.956\,50''$$
$$\lambda = 08°29'11.111\,10''$$

soll mit dem Schweizer Projektionssystem in die Ebene abgebildet werden.

Der Zahlenwert für die erste numerische Exzentrizität e^2 wird aus dem Anhang 1 (A1.1) entnommen. Mit dem daraus folgenden Wert

$$e = 0.081\,696\,8304$$

und den in (A2.26) angeführten Konstanten α und k können nach (A2.19) die Hilfsgröße

$$p = 2.539\,506\,0673$$

und dann nach (A2.21) die Kugelkoordinaten des Punktes abgeleitet werden:

$$\varphi_K = 47°00'47.539\,33''$$
$$\ell_K = 01°02'51.358\,94''\,.$$

Die Umrechnung in das Pseudosystem erfolgt mittels der Gl. (A2.22) und ergibt im Bogenmaß ausgedrückt das Ergebnis

$$\bar{\varphi}_K = 0.001\,924\,0921$$
$$\bar{\ell}_K = 0.012\,466\,2708\,.$$

Mit dem in (A2.27) angegebenen Wert für den Radius der Schmiegungskugel im Hauptpunkt werden schließlich nach (A2.23) die Koordinaten

$$x = 12\,273.437 \text{ m}$$
$$y = 79\,520.046 \text{ m}$$

des Punktes „Rigi" in der Ebene erhalten.

Schweizer Projektionssystem – Abbildung von der Ebene auf das Ellipsoid

Die Abbildung eines Punktes von der Ebene mit den Koordinaten x, y auf das Ellipsoid, wobei die Koordinaten des abgebildeten Punktes mit φ, λ bezeichnet werden, erfolgt schrittweise. Der Vorgang verläuft umgekehrt zur vorher besprochenen Abbildung vom Ellipsoid in die Ebene.

Die konforme Abbildung der Koordinaten x, y in der Ebene auf die Kugel erfolgt mit den zu Gl. (A2.23) inversen Beziehungen

$$\bar{\varphi}_K = 2 \arctan \exp(x/R_0) - \frac{\pi}{2}$$
$$\bar{\ell}_K = \frac{y}{R_0} \tag{A2.28}$$

und liefert die Pseudokoordinaten $\bar{\varphi}_K$, $\bar{\ell}_K$ auf der Kugel. In der Formel wurde $\exp(x/R_0)$ anstelle von $e^{(x/R_0)}$ geschrieben, um eine Verwechslung der hier aufscheinenden Basis des natürlichen Logarithmus mit der ersten numerischen Exzentrizität zu vermeiden.

Die Pseudokoordinaten $\bar{\varphi}_K$, $\bar{\ell}_K$ können mit den Formeln der sphärischen Trigonometrie

$$\sin \varphi_K = \cos \varphi_{0K} \sin \bar{\varphi}_K + \sin \varphi_{0K} \cos \bar{\varphi}_K \cos \bar{\ell}_K$$
$$\tan \ell_K = \frac{\sin \bar{\ell}_K}{\cos \varphi_{0K} \cos \bar{\ell}_K - \sin \varphi_{0K} \tan \bar{\varphi}_K} \tag{A2.29}$$

in φ_K, ℓ_K umgerechnet werden.

Nun müssen diese Koordinaten noch von der Kugel auf das Ellipsoid abgebildet werden, wofür im wesentlichen die Beziehungen (A2.21) zu invertieren sind. Im Fall der Breite kann die Inversion nur iterativ erfolgen. Hierzu wird von der aus (A2.21) folgenden Gleichung

$$\frac{\varphi_K}{2} + \frac{\pi}{4} = \arctan p \tag{A2.30}$$

beziehungsweise

$$\tan\left(\frac{\varphi_K}{2} + \frac{\pi}{4}\right) = p \tag{A2.31}$$

ausgegangen und für p noch die Gleichung (A2.19) eingesetzt, wodurch

$$\tan\left(\frac{\pi}{4} + \frac{\varphi_K}{2}\right) = k\left(\frac{1 - e\sin\varphi}{1 + e\sin\varphi}\right)^{(\alpha e)/2} \tan^\alpha\left(\frac{\pi}{4} + \frac{\varphi}{2}\right) \tag{A2.32}$$

erhalten wird. Diese Gleichung wird nun iterativ nach φ aufgelöst, wobei folgender Algorithmus angewendet werden kann:

[1] Man nehme einen Näherungswert (φ) für die gesuchte geographische Breite φ an, wobei man sinnvollerweise $(\varphi) = \varphi_K$ wählt.

[2] Man setze (φ) in die rechte Seite von Gl. (A2.32) ein und erhält dadurch einen Näherungswert (φ_K) anstelle der gegebenen Breite φ_K.

[3] Wenn (φ_K) im Rahmen der gewünschten Genauigkeit mit dem gegebenen φ_K übereinstimmt, dann stimmt auch der Näherungswert (φ) mit dem gesuchten φ überein, und die Iteration kann abgebrochen werden. Andernfalls ist der Näherungswert gemäß

$$(\varphi) := (\varphi) + \varphi_K - (\varphi_K)$$

zu verbessern und die Iteration mit Schritt [2] fortzusetzen.

Mit diesem Algorithmus wird aus φ_K das gesuchte φ, die Breite auf dem Ellipsoid, berechnet. Den Längenunterschied erhält man unmittelbar aus der zweiten Gleichung von (A2.21) als

$$\ell = \frac{\ell_K}{\alpha} \tag{A2.33}$$

und damit die gesuchte Länge λ aus

$$\lambda = \lambda_0 + \ell. \tag{A2.34}$$

Beispiel
Der Punkt „Rigi" mit den Koordinaten

$$x = 12\,273.437 \text{ m}$$
$$y = 79\,520.046 \text{ m}$$

soll nach dem Schweizer Projektionssystem auf das Bessel-Ellipsoid abgebildet werden.

Mit dem in (A2.27) gegebenen Wert für den Radius der Schmiegungskugel im Hauptpunkt ergeben sich nach (A2.28) die Pseudokoordinaten

$$\bar{\varphi}_K = 0°06'36.872\,49''$$
$$\bar{\ell}_K = 0°42'51.352\,92''\,.$$

Mit der in (A2.26) gegebenen Kugelbreite φ_{0K} des Hauptpunktes Bern können nach (A2.29) die Pseudokoordinaten in die Kugelkoordinaten umgerechnet werden:

$$\varphi_K = 47°00'47.539\,33''$$
$$\ell_K = 01°02'51.358\,92''\,.$$

Für die Abbildung von der Kugel auf das Ellipsoid wird vorerst der Zahlenwert für die erste numerische Exzentrizität e^2 aus dem Anhang 1 (A1.1) entnommen. Mit dem daraus folgenden Wert

$$e = 0.081\,696\,8304$$

und den numerischen Werten für die Konstanten α und k nach (A2.26) kann die Breite φ iterativ aus (A2.32) berechnet werden. Die Ergebnisse der einzelnen Iterationsschritte sind in nachstehender Tabelle angegeben:

Iteration	(φ)	(φ_K)	$\varphi_K - (\varphi_K)$
0	47.013\,205\,37°	46.968\,436\,64°	0.044\,768\,73°
1	47.057\,974\,10°	47.013\,136\,09°	0.000\,069\,26°
2	47.058\,043\,36°	47.013\,205\,26°	0.000\,000\,11°
3	47.058\,043\,47°	47.013\,205\,37°	0.000\,000\,00°

Die gesuchte Breite auf dem Ellipsoid lautet somit

$$\varphi = 47.058\,043\,47° = 47°03'28.956\,50''\,.$$

Aus dem bereits bekannten Kugelwert ℓ_K und der Konstanten α kann nach (A2.33) sofort der Längenunterschied

$$\ell = 1°02'48.611\,08''$$

und unter Berücksichtigung der Länge des Hauptpunktes die geographische
Länge λ berechnet werden. Somit ergibt sich schließlich

$$\varphi = 47°03'28.956\,50''$$
$$\lambda = 08°29'11.111\,08''$$

als Ergebnis der Abbildung.

A2.7 Soldner-Abbildung (Ordinatentreue Abbildung)

Dieser Abbildung liegen die ellipsoidischen Soldner-Koordinaten zugrunde,
die folgendermaßen definiert sind: Von einem Punkt P auf dem Ellipsoid
wird eine geodätische Linie so gezogen, daß der Grundmeridian orthogonal
geschnitten wird (manchmal spricht man auch von einer geodätischen Normalen). Die Länge dieser geodätischen Linie ist die ellipsoidische Soldner-
Ordinate y, der Abstand entlang des Grundmeridians vom Äquator bis zum
Schnitt der geodätischen Linie mit dem Grundmeridian ist die ellipsoidische
Soldner-Abszisse x, vgl. Fig. A2.5.

Manchmal erfolgt die Zählung der Abszisse nicht vom Äquator, sondern
von einem auf dem Grundmeridian liegenden Hauptpunkt $P_0(\varphi_0, \lambda_0)$ aus,
die Abszisse ist dann um die Meridianbogenlänge für φ_0 verkürzt.

Die Soldner-Abbildung kann geometrisch ähnlich wie die Gauß-Krüger-
Abbildung als eine transversale Zylinderabbildung gedeutet werden.

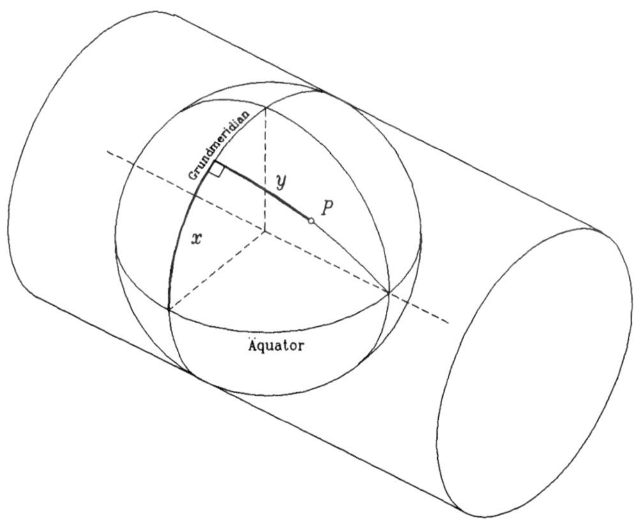

Fig. A2.5. Ellipsoidische Soldner-Koordinaten

Basierend auf den ellipsoidischen Soldner-Koordinaten charakterisieren folgende Merkmale die Abbildung des Ellipsoids in die Ebene:

- Die Abbildung ist nicht konform.

- Die ellipsoidischen Abszissen und die ellipsoidischen Ordinaten werden längentreu in die Ebene abgebildet. Mit anderen Worten ausgedrückt: die ellipsoidischen Soldner-Koordinaten sind identisch mit den kartesischen Koordinaten in der Ebene.

Die Abbildung der ellipsoidischen Soldner-Koordinaten in die Ebene und die Umkehrung dazu sind infolge der Identifizierung der ellipsoidischen Soldner-Koordinaten mit ebenen kartesischen Koordinaten triviale Aufgaben. Wann immer also Soldner-Koordinaten vorliegen, kann man diese entweder als ellipsoidische oder als ebene Soldner-Koordinaten interpretieren, da sie zahlenmäßig übereinstimmen.

Relevant ist der Zusammenhang zwischen den geographischen Koordinaten und den Soldner-Koordinaten. Die gegenseitige Umrechnung wird in den nächsten beiden Abschnitten gezeigt.

Infolge der doppelten Interpretation der Soldner-Koordinaten (entweder als ellipsoidische oder als ebene kartesische Koordinaten) kann man die Umrechnung von geographischen Koordinaten in Soldner-Koordinaten ebenfalls doppelt interpretieren: entweder als Umrechnung von einem Koordinatensystem in ein anderes auf dem Ellipsoid oder als Abbildung in die Ebene.

Umrechnung von geographischen Koordinaten in Soldner-Koordinaten

Für die Umrechnung der geographischen Koordinaten φ, λ eines Punktes in Soldner-Koordinaten x, y werden zunächst die Bezeichnungen

$$B(\varphi) \qquad \ldots \quad \text{Meridianbogenlänge}$$

$$N = \frac{a^2}{b\sqrt{1 + \eta^2}} \qquad \ldots \quad \text{Normalkrümmungsradius für } \varphi$$

$$\eta^2 = e'^2 \cos^2\varphi \qquad \ldots \quad \text{Hilfsgröße}$$

$$t = \tan\varphi \qquad \ldots \quad \text{Hilfsgröße}$$

$$\lambda_0 \qquad \ldots \quad \text{Länge des Grundmeridians}$$

$$\ell = \lambda - \lambda_0 \qquad \ldots \quad \text{Längenunterschied}$$

eingeführt. Die Abbildung wird durch die Gleichungen

$$x = B(\varphi) + \frac{1}{2}\, N \cos^2\varphi\, t\, \ell^2$$

$$+ \frac{1}{24}\, N \cos^4\varphi\, t\, (5 - t^2 + 5\eta^2)\, \ell^4 + \dots$$

und

$$y = N \cos\varphi\, \ell + \frac{1}{6}\, N \cos^3\varphi\, (-t^2)\, \ell^3$$

$$+ \frac{1}{120}\, N \cos^5\varphi\, (-8\, t^2 + t^4)\, \ell^5 + \dots$$

$$(A2.35)$$

beschrieben. Dabei ist die Meridianbogenlänge $B(\varphi)$ nach (A2.1) zu berechnen. Wird die Variante mit dem Hauptpunkt P_0 verwendet, so ist von x noch $B(\varphi_0)$ zu subtrahieren.

Die Formeln (A2.35) liefern bis $\lambda - \lambda_0 = \pm 2°$ eine Genauigkeit für x und y von einigen Millimetern.

Beispiel
Für einen Punkt mit den auf das Bessel-Ellipsoid bezogenen geographischen Koordinaten

$$\varphi = 48°24'37.915\,90''$$
$$\lambda = 16°43'16.981\,20''$$

sollen die Soldner-Koordinaten x, y berechnet werden, wobei als Grundmeridian $\lambda_0 = 15°$ zu verwenden ist.

Mit Hilfe von Gl. (A2.1) und den numerischen Werten (A2.4) für das Bessel-Ellipsoid erhält man zunächst

$$B(\varphi) = 5\,363\,528.938 \text{ m}$$

als Meridianbogenlänge für die gegebene Breite φ. Der Zahlenwert für die zweite numerische Exzentrizität e'^2 wird aus Anhang 1 (A1.1) entnommen. Die Berechnung des Normalkrümmungsradius für φ ergibt

$$N = 6\,389\,335.730 \text{ m}\,,$$

und mit dem im Bogenmaß ausgedrückten Wert

$$\ell = 0.030\,043\,8127$$

werden nach (A2.35) schließlich die Soldner-Koordinaten

$$x = 5\,364\,960.713 \text{ m}$$
$$y = 127\,410.166 \text{ m}$$

erhalten.

Umrechnung von Soldner-Koordinaten in geographische Koordinaten

Für die Umrechnung der Soldner-Koordinaten x, y eines Punktes in geographische Koordinaten φ, λ werden zunächst die Bezeichnungen

$$\varphi_f \qquad \ldots \text{ Fußpunktsbreite}$$

$$N_f = \frac{a^2}{b\sqrt{1 + \eta_f^2}} \qquad \ldots \text{ Normalkrümmungsradius für } \varphi_f$$

$$\eta_f^2 = e'^2 \cos^2\varphi_f \qquad \ldots \text{ Hilfsgröße}$$

$$t_f = \tan\varphi_f \qquad \ldots \text{ Hilfsgröße}$$

$$\lambda_0 \qquad \ldots \text{ Länge des Grundmeridians}$$

eingeführt. Die Fußpunktsbreite erhält man aus (A2.5), wenn in (A2.6) die Meridianbogenlänge $B(\varphi)$ durch den Abszissenwert x ersetzt wird. Die Abbildung wird durch die Gleichungen

$$\varphi = \varphi_f + \frac{t_f}{2N_f^2}(-1 - \eta_f^2)\,y^2$$
$$+ \frac{t_f}{24\,N_f^4}\,(1 + 3t_f^2 + 2\eta_f^2 - 6t_f^2\,\eta_f^2)\,y^4 + \ldots$$

und

$$\lambda = \lambda_0 + \frac{1}{N_f \cos\varphi_f}\,y + \frac{1}{3N_f^3 \cos\varphi_f}\,(-t_f^2)\,y^3$$
$$+ \frac{1}{15\,N_f^5 \cos\varphi_f}\,(t_f^2 + 3\,t_f^4)\,y^5 + \ldots$$

$$(\text{A2.36})$$

beschrieben. Als Ergebnis erhält man die Breite φ und die Länge λ im Bogenmaß, wobei φ_f und λ_0 als jeweils erster Term auf den rechten Seiten der Reihen ebenfalls im Bogenmaß eingeführt werden müssen. Bei der Variante mit einem Hauptpunkt ist für die Berechnung der Fußpunktsbreite φ_f zur x-Koordinate noch die Meridianbogenlänge für φ_0 zu addieren.

Die Formeln (A2.36) liefern bis $\lambda - \lambda_0 = \pm 2°$ eine Genauigkeit besser als $0.000\,03''$ für φ und λ. Dies entspricht einer Lagegenauigkeit von etwa $1\,\text{mm}$.

Beispiel
Für einen Punkt mit den Soldner-Koordinaten

$$x = 5\,364\,960.713 \text{ m}$$
$$y = 127\,410.166 \text{ m}$$

sollen die auf das Bessel-Ellipsoid bezogenen geographischen Koordinaten berechnet werden, wobei als Grundmeridian $\lambda_0 = 15°$ zu verwenden ist.

Zur Berechnung der Fußpunktsbreite φ_f aus Gl. (A2.5) wird in (A2.6) anstelle der Meridianbogenlänge $B(\varphi)$ der Abszissenwert x eingesetzt. Damit folgt vorerst

$$\varphi_f = \frac{x}{\bar{\alpha}} + \bar{\beta}\,\sin\frac{2x}{\bar{\alpha}} + \bar{\gamma}\,\sin\frac{4x}{\bar{\alpha}} + \bar{\delta}\,\sin\frac{6x}{\bar{\alpha}} + \bar{\varepsilon}\,\sin\frac{8x}{\bar{\alpha}} + \ldots$$

und mit den numerischen Werten (A2.8) für die auf das Bessel-Ellipsoid bezogenen Koeffizienten die Fußpunktsbreite

$$\varphi_f = 48°25'24.274\,20''$$

im Gradmaß. Der Zahlenwert für die zweite numerische Exzentrizität e'^2 wird aus Anhang 1 (A1.1) entnommen. Die Berechnung des Normalkrümmungsradius für φ_f ergibt

$$N_f = 6\,389\,340.506 \text{ m}\,,$$

und nach (A2.36) werden schließlich die geographischen Koordinaten

$$\varphi = 48°26'37.915\,89''$$
$$\lambda = 16°43'16.981\,19''$$

erhalten.

Literatur

Dieses Kapitel enthält neben den Quellen, die bei der Erstellung des Buchs verwendet wurden, auch einen Abschnitt über weiterführende Literatur, in dem auszugsweise Bücher über GPS mit einem Erscheinungsdatum ab 1990 angeführt sind.

Quellen

Chaperon F, Elmiger A (1986): Landesvermessung (Vorlesungsskriptum). Eidgenössische Technische Hochschule Zürich, Institut für Geodäsie und Photogrammetrie.

Gauß CF (1822): Allgemeine Auflösung der Aufgabe, die Teile einer gegebenen Fläche auf eine andere gegebene Fläche so abzubilden, daß die Abbildung dem Abgebildeten in den kleinsten Teilen ähnlich wird. Schumachers Astronomische Abhandlungen, Heft 3, Altona 1825. Neuausgabe von Wangerin, Leipzig 1921.

Großmann W (1964): Geodätische Rechnungen und Abbildungen in der Landesvermessung, 2. Auflage. Wittwer, Stuttgart.

Heiskanen WA, Moritz H (1967): Physical geodesy. Freeman, San Francisco London.

Hofmann-Wellenhof B (1991): Landesvermessung I (Vorlesungsskriptum). Technische Universität Graz, Institut für Angewandte Geodäsie und Photogrammetrie.

Hofmann-Wellenhof B, Lichtenegger H, Collins J (1994): GPS – Theory and practice, 3. Auflage. Springer, Wien New York.

Hristow WK (1955): Die Gaußschen und geographischen Koordinaten auf dem Ellipsoid von Krassowsky. VEB Verlag Technik, Berlin.

Hubeny K (1977): Isotherme Koordinatensysteme und konforme Abbildungen des Rotationsellipsoides. Mitteilungen der geodätischen Institute der Technischen Universität Graz, Folge 27.

König R, Weise KH (1951): Mathematische Grundlagen der Höheren Geodäsie und Kartographie. Erster Band: Das Erdsphäroid und seine konformen Abbildungen. Springer, Berlin Göttingen Heidelberg.

Meissl P (1981): Ellipsoidische Geometrie (Vorlesungsskriptum). Technische Universität Graz, Institut für Theoretische Geodäsie.

Reichsthaler K (1983): Dreidimensionale Netzausgleichung im Testnetz Steiermark unter Berücksichtigung von Dopplermessungen. Mitteilungen der geodätischen Institute der Technischen Universität Graz, Folge 46.

Rinner K (1974): Landesvermessung (Vorlesungsskriptum). Technische Universität Graz, Institut für Angewandte Geodäsie und Photogrammetrie.

Schödlbauer A (1982): Rechenformeln und Rechenbeispiele zur Landesvermessung. Teil 2: Geodätische Berechnungen im System der Gaußschen konformen Abbildung eines Bezugsellipsoids unter besonderer Berücksichtigung des Gauß-Krüger- und des UTM-Koordinatensystems im Bereich der Bundesrepublik Deutschland. Wichmann-Skripten Heft 2, Wichmann, Karlsruhe.

Weiterführende Literatur

Ackroyd N, Lorimer R (1990): Global navigation, a GPS user's guide. Lloyd's of London, London New York Hamburg Hongkong. Das Buch enthält als Schwerpunkt praktische Informationen für Anwendungen von GPS auf dem Meer. Die Navigation in Küstennähe und die Sicherheit auf dem Meer werden ebenfalls behandelt. Neben den zahlreichen Anwendungsmöglichkeiten wird auch eine detaillierte Beschreibung von GPS und vom Kommunikationssystem INMARSAT gegeben. Das Buch enthält keine Formeln.

Bauer M (1992): Vermessung und Ortung mit Satelliten: NAVSTAR-GPS und andere satellitengestützte Navigationssysteme, 2. Auflage. Wichmann, Karlsruhe. Das Buch ist für Praktiker und Studenten gedacht. Dem Anwender werden zunächst Grundkenntnisse für die Vermessung ohne und mit Satelliten vermittelt. Es folgen theoretische Grundlagen der Satellitengeodäsie und eine sehr informative Darstellung von GPS. Von anderen satellitengestützten Navigationssystemen wie TRANSIT, GLONASS, STARFIX, EUTELTRACS, DORIS, PRARE werden nur die Hauptcharakteristika zusammengefaßt.

Canadian Institute of Surveying and Mapping (Hrsg) (1990): GPS '90, Proceedings of the Second International Symposium on Precise Positioning with the Global Positioning System. Ottawa, Canada, 3.–7. September 1990. Dem Aufbau der Tagung entsprechend enthält das Buch

Beiträge über den GPS-Status; GPS und andere Satellitsysteme; Aspekte der Bahnbestimmung; Datenauswertung und Fehlermodellierung; Anwendungen, Resultate, Kampagnen, zukünftige Pläne, Vergleiche; Deformationsmessung; Genauigkeit und Zuverlässigkeit von GPS; praktische Aspekte; GPS und das Geoid; kinematische Beobachtungsmethoden; Navigationsanwendungen.

Defense Mapping Agency, The Ohio State University (Hrsg) (1992): Proceedings of the Sixth International Geodetic Symposium on Satellite Positioning. Columbus, Ohio, 17.–20. März 1992. Das Buch ist nach den Sessionen der Tagung gegliedert: Stand und Zukunft von Satellitensystemen; Referenzsysteme und Erdrotation; Bahnbestimmung; Empfängertechnologie; Datenauswertung und Fehlermodellierung; GPS-IERS-Kampagne; Feldkampagnen samt Resultaten; Theorie und Methoden der geodätischen Positionierung; Theorie und Methoden der kinematischen Beobachtung; International GPS Geodynamics Service; heutige und zukünftige Anwendungen von Satellitenpositionierungssystemen: GPS und das Geoid, GPS und Geodynamik, GPS in der Luft und auf dem Meer.

Deutsche Gesellschaft für Ortung und Navigation (Hrsg) (1991): DGPS '91, First International Symposium on Real Time Applications of the Global Positioning System. TÜV Rheinland, 2 Bände. Die Tagungsbände behandeln alle Aspekte des differentiellen GPS (abgekürzt DGPS). Weiters findet man viel Information über GLONASS und die Kombination von GPS und GLONASS. Einige theoretische Beiträge gehen über den Rahmen von DGPS hinaus.

Hofmann-Wellenhof B, Lichtenegger H, Collins J (1994): GPS – Theory and practice, 3. Auflage. Springer, Wien New York. Die Verwendung von GPS für präzise Messungen (also geodätische Vermessung) wird genauso beschrieben wie jene für die Navigation. Die wichtigsten Elemente der mathematischen Modelle von GPS sowie die praktische Anwendung werden im Detail dargestellt. Weiters werden die Unterschiede zwischen den statischen und kinematischen Verfahren behandelt und durch exemplarische Anwendungen belegt. Die Projektplanung, Ausführung, Datenverarbeitung und Koordinatenberechnung werden ebenfalls erklärt. In bezug auf GPS ist das Buch für Anfänger und Fortgeschrittene geeignet.

Institute of Navigation (1990–1993): Tagungsbände von jährlichen Symposien. Die Tagungen sind von aktuellen Schwerpunktsthemen gekennzeichnet. Jeder Band gibt einen sehr guten Einblick in den jeweiligen Stand von GPS.

Leick A (1990): GPS satellite surveying. Wiley & Sons, New York Chichester Brisbane Toronto Singapore. Das Buch betont, unterstützt durch viele Beispiele, besonders die Ausgleichungsrechnung nach der Methode der kleinsten Quadrate. GPS wird sehr anschaulich und gut verständlich beschrieben. Zahlreiche Tafeln mit den wichtigsten Formeln helfen beim Nachschlagen.

Linkwitz K, Hangleiter U (Hrsg) (1992): High precision navigation 91. Verlag Dümmler, Bonn. Dieses Buch ist der Tagungsband des Second International Workshop on High Precision Navigation in Stuttgart und Freudenstadt. Viele Beiträge sind keine GPS-Themen. Die Gliederung nach Sessionen enthält unter anderem: Satellitenmethoden; Grundlagen, Hardware und Anwendungen von Inertialmethoden; integrierte Navigationssysteme.

Logsdon T (1992): The Navstar Global Positioning System. Van Nostrand Reinhold, New York. GPS wird nicht nur beschrieben, sondern auch mit anderen Satellitensystemen für die Navigation verglichen. Das Buch beschreibt, wie das Grundkonzept von GPS zur Bestimmung der Position, der Geschwindigkeit und der Zeit realisiert wird. Weiters bekommt man Informationen, nach welchen Kriterien ein Empfänger ausgewählt und in praktischen Anwendungen eingesetzt werden soll. Hinsichtlich der Anwendungen werden geodätische, militärische und Ingenieursanwendungen gezeigt. Das Buch enthält keine einzige Formel.

McElroy S (Hrsg) (1992): Getting started with GPS surveying. GPSCO, Bathurst/Australien. Das Buch gibt einen ersten Einblick in GPS. Es ist stark praxis-orientiert, aber auch erfahrene GPS-Anwender finden darin noch viele nützliche Hinweise.

Niederländisches Institut für Navigation (Hrsg) (1993): DSNS 93, Second International Symposium on Differential Satellite Navigation Systems. Der Tagungsband enthält Beiträge über den Status, Entwicklungen und Zukunftsperspektiven von DSNS. Verschiedene Möglichkeiten der Anwendungen (auch in Kombination mit anderen Methoden) werden gezeigt.

Schwarz K-P, Lachapelle G (Hrsg) (1990): Kinematic systems in geodesy, surveying, and remote sensing. Springer, New York Berlin Heidelberg

London Paris Tokyo Hongkong Barcelona. Das Buch ist der Tagungsband zu einem Symposium in Banff, Alberta, Canada. Die Sessionen beschreiben: Theorie und Modellierung; Trends in der Ausrüstung; Meßmethoden; Anwendungen für die Positionierung und die Navigation; Bestimmung des Schwerefelds; Orientierung von Plattformen.

Seeber G (1993): Satellite geodesy – foundations, methods, and applications. Walter de Gruyter, Berlin New York. Das Hauptgewicht des Buchs liegt bei den Grundlagen und den Anwendungen, wobei die Aufgaben der Positionsbestimmung besonders betont werden. Neben den allgemeinen Grundlagen über die Bezugssysteme, die Zeit, die Signalausbreitung wird detailliert die Satellitenbewegung beschrieben. Beobachtungskonzepte, klassische Beobachtungsverfahren, Dopplermessungen, GPS, Laserdistanzmessungen und Satellitenaltimetrie sind ausführlich dargestellt. Die deutsche Ausgabe des Buchs erschien im gleichen Verlag 1989.

Glossar

Abbildung: Mittels konformer Abbildung werden die krummlinigen ellipsoidischen Koordinaten in ebene Koordinaten transformiert und umgekehrt.

Almanach: Satellitenbahndaten geringer Genauigkeit. Meist zur Planung von GPS-Beobachtungen verwendet.

Ambiguität: Unbekannte Anzahl von ganzen Wellenlängen zu Beginn einer Phasenmessung. Die Ambiguität wird auch als Phasenmehrdeutigkeit bezeichnet.

Antenne: Das physikalische Phasenzentrum der Antenne bildet den Referenzpunkt für die Beobachtungen.

Anti-Spoofing (A-S): Verschlüsselung des P-Codes in den Y-Code, der nur mehr autorisierten Benützern zur Verfügung steht.

Bandbreite: Frequenzbereich eines Signals.

Basisvektor: Verbindungsvektor zwischen zwei Stationen. Häufig auch als Basislinie bezeichnet.

Code: Folge von Bitsequenzen zur zeitlichen Markierung des Satellitensignals (C/A-, P- und Y-Code) oder zur Übertragung von Informationen (Navigationsnachricht).

Cycle Slip: Ganzzahlige Änderung der Phasenambiguität bei Signalunterbrechung.

Differentielles GPS (DGPS): Meßverfahren zur Elimination oder Reduzierung von systematischen Fehlern mittels telemetrisch übertragener Korrekturdaten.

Differenzbildung: In den Differenzen von gemessenen Pseudoentfernungen werden satelliten- oder empfängerspezifische Fehler sowie zeitunabhängige Terme eliminiert. Es wird zwischen Einfach-, Doppel- und Dreifachdifferenzen unterschieden.

DOP-Faktor: Größe zur Beschreibung des Einflusses der Satelliten-Empfänger-Konfiguration auf die Genauigkeit. Es wird unter anderem zwischen Faktoren für die dreidimensionale Positionierung, die horizontale Lage und die Höhe unterschieden.

Dopplereffekt: Änderung der Signalfrequenz bei bewegtem Sender oder Empfänger, die proportional der relativen Geschwindigkeit zwischen Sender und Empfänger ist.

Einzelpunktbestimmung: Bestimmung der absoluten Koordinaten einzelner Punkte unter Verwendung eines einzigen Empfängers. Das Ergebnis wird auch als Navigationslösung bezeichnet.

Ellipsoid: Mathematisch definierte Referenzfigur der Erde. Ein Punkt im Raum wird durch die ellipsoidische Breite, Länge und Höhe beschrieben.

Empfänger: Hochfrequenzeinheit zum Empfang und zur Verarbeitung der GPS-Signale.

Ephemeriden: Parameter zur Berechnung der Satellitenpositionen zu beliebigen Epochen in einem geozentrischen erdfesten Koordinatensystem. Man unterscheidet zwischen Broadcast und Präzisen Ephemeriden, wobei erstere über das Satellitensignal zur Verfügung gestellt werden und somit Echtzeit-Lösungen erlauben.

Frequenz: Anzahl von Schwingungen in der Zeiteinheit.

Geodätisches Datum: Parameter zur Beschreibung der Lage eines lokalen Koordinatensystems bezüglich eines globalen Systems. Häufig wird das (dreidimensionale) Datum in ein (zweidimensionales) Lagedatum und ein (eindimensionales) Höhendatum unterteilt. Die allgemeine Transformation des Datums erfolgt üblicherweise mittels dreidimensionaler Ähnlichkeitstransformation.

Geoid: Physikalisch definierte Figur der Erde. Das Geoid fällt näherungsweise mit der mittleren Meeresoberfläche (die man sich unter den Kontinenten fortgesetzt denkt) zusammen und bildet die Bezugsfläche für die orthometrischen Höhen. Der Abstand eines Geoidpunktes vom Bezugsellipsoid wird als Geoidhöhe oder Undulation des Punktes bezeichnet.

Geozentrum: Schwerpunkt des Erdkörpers.

Höhen: Aus GPS-Beobachtungen folgen ellipsoidische Höhen, die rein geometrisch definiert sind. Die Transformation in die physikalisch definierten orthometrischen Höhen erfolgt mittels der Geoidhöhen oder Undulationen.

Ionosphäre: Schicht geladener Teilchen in einer Höhe zwischen etwa 50 und 1 000 km über der Erdoberfläche. Durch diese Schicht werden die Laufzeiten der Satellitensignale verzögert und deren Phasen beschleunigt. Die ionosphärische Refraktion ist dispersiv (d.h. frequenzabhängig) und kann daher durch Verwendung zweier Trägerwellen weitgehend eliminiert werden.

Koordinaten: Satz von Parametern zur Festlegung von Raumpunkten. Die GPS-Ergebnisse werden primär als dreidimensionale kartesische oder als ellipsoidische Koordinaten bezogen auf WGS-84 erhalten. Nach einer Transformation des geodätischen Datums beziehen sich diese Koordinaten auf das lokale System.

Modulation: Überlagerung einer Trägerwelle mit codierten Signalen.

Multipath: Mehrwegausbreitung des Signals durch Reflexionen. Die Interferenz von der direkten mit indirekten Wellen im Phasenzentrum der Antenne führt unter anderem zu Phasenverschiebungen.

Navigation: Bestimmung des Orts- und Geschwindigkeitsvektors eines bewegten Fahrzeuges (Auto, Schiff, Flugzeug) in Funktion der Zeit.

Navigationsnachricht: Auf beide Trägerwellen aufmoduliertes Signal zur Übermittlung von Informationen über die Satellitenbahnen, die Satellitenuhren und anderes mehr.

NAVSTAR GPS: Navigation System with Timing and Ranging Global Positioning System.

Phase: Schwingungszustand einer Welle. Die Phase wird als Winkel zwischen 0° und 360° gemessen und kann nach entsprechender Skalierung auch in Bruchteilen der Wellenlänge angegeben werden.

Pseudoentfernung: Geometrische Entfernung zwischen Satellit und Empfänger vermehrt (oder vermindert) um den Einfluß der Asynchronität zwischen der Satellitenuhr und jener im Empfänger. Die Pseudoentfernung kann aus der Messung der Signallaufzeit mit Hilfe eines PRN-Codes oder aus der Messung der Phase der (rekonstruierten) Trägerwellen abgeleitet werden. Im ersten Fall spricht man auch von Code-Entfernungen, im zweiten Fall kurz von Phasen.

Pseudo-random-noise (PRN) Code: Ein Signal, das Eigenschaften eines zufälligen Rauschens aufweist, jedoch systematischer Natur ist.

Relative Punktbestimmung: Bestimmung des Verbindungsvektors zwischen zwei Punkten, wobei einer davon koordinatenmäßig vorgegeben wird. Man unterscheidet zwischen statischen und kinematischen Verfahren sowie der pseudokinematischen Methode.

RINEX-Format: Empfängerunabhängiges Format für die Beobachtungsdaten und die Parameter der Navigationsnachricht.

RTCM-Format: International standardisiertes Datenformat zur telemetrischen Übertragung von Korrekturwerten für DGPS.

Selective Availability (SA): Reduzierung der erreichbaren Genauigkeit in der Echtzeit-Navigation durch eine Manipulation der Satellitenuhrfrequenz (δ-Prozeß) und durch verminderte Genauigkeiten in den Parametern der Navigationsnachricht (ε-Prozeß).

Session: Zeitraum, in dem mehrere Empfänger simultan die Signale identischer Satelliten empfangen.

Sky Plot: Polare Darstellung der Satellitenbahnen in Funktion der Zeit.

Telemetrie: Kontrollierte Datenübertragung mittels Funk.

Träger: Unmodulierte Grundwelle eines Signals. Die beiden Trägerwellen bei GPS liegen im L-Band und werden als L1 bzw. L2 bezeichnet.

Troposphäre: Schicht bis zu 50 km (inklusive der Stratosphäre) über der Erdoberfläche. Diese Schicht verursacht die troposphärische Refraktion, wodurch die Pseudoentfernungen zu lang gemessen werden.

Undulation: Abstand eines Geoidpunktes vom Referenzellipsoid.

Weltzeit (UT): Mittlere Sonnenzeit bezogen auf den Meridian von Greenwich.

WGS-84: Geozentrisches kartesisches Koordinatensystem in dem die Satellitenbahnen berechnet werden. Dem System zugeordnet ist auch ein geozentrisch gelagertes Ellipsoid. Primär werden die GPS-Ergebnisse in diesem System erhalten.

Sachverzeichnis

MIX
Papier aus verantwortungsvollen Quellen
Paper from responsible sources
FSC® C105338

FSC
www.fsc.org

If you have any concerns about our products,
you can contact us on
ProductSafety@springernature.com

In case Publisher is established outside the EU,
the EU authorized representative is:
Springer Nature Customer Service Center GmbH
Europaplatz 3, 69115 Heidelberg, Germany

Printed by Libri Plureos GmbH
in Hamburg, Germany